U0953720

数码摄影曝光完全攻略

赵道强 著

中国旅游出版社

责任编辑：龚威健　赵　芳
责任印制：冯冬青

图书在版编目(CIP)数据

数码摄影曝光完全攻略／赵道强著．—北京：中国旅游出版社，2009.7

ISBN 978-7-5032-3812-3

Ⅰ.数…　Ⅱ.赵…　Ⅲ.数字照相机—曝光—基本知识　Ⅳ.TB86　TB811

中国版本图书馆CIP数据核字（2009）第117651号

书　　名：数码摄影曝光完全攻略

作　　者：赵道强
出版发行：中国旅游出版社
（北京建国门内大街甲9号　邮编：100005）
http://www.cttp.net.cn　E-mail：gwj8431@sina.com
发行部电话：010-85166527　85166715
装帧设计：北京新知互动广告设计制作有限公司
印　　刷：北京顺诚彩色印刷有限公司
版　　次：2009年7月第1版
印　　次：2009年7月第1次印刷
开　　本：889mm × 1194mm
印　　张：5
印　　数：1-6000册
字　　数：80千字
定　　价：32.00元
ISBN 978-7-5032-3812-3

版权所有　翻印必究

如发现质量问题，请直接与发行部联系调换

PREFACE / 前言

摄影艺术是依靠光影手段再现所表现对象，实现作者创作意图的一种艺术形式。光与影的调动与运用，显然极其重要。摄影曝光，是让光与影转化为形象与色彩的关键环节，所以曝光控制是摄影创作极为重要的一个环节。

无论我们拍摄的风景多么的壮观秀丽，人物多么的美丽，花朵多么的娇艳，但是曝光失败，就无法呈现出摄影者所要展现画面的亮度和清晰度，甚至无法再现所拍摄物体真实的颜色，作者所要表达的画面主题等，这样我们只能拍摄出失败的作品。因此摄影者尤其是摄影初学者要正确的理解和掌握光圈、快门速度及ISO感光度之间的关系，掌握在各种环境中数码相机的各种曝光模式、测光模式的熟练应用。即曝光真正地发挥了应有的作用，才能拍摄出美丽、清晰的好照片。

本书主要介绍了决定摄影曝光值的方法。本书不但讲解了曝光的基本要素光圈、快门速度以及感光度三者之间的关系，还向大家讲解了数码相机上的各种测光模式、曝光模式、曝光的相关器材，以及对不同光照曝光的控制，细致地讲述了与曝光有关的各种模式及曝光手法；对人像、风光以及特殊技巧的曝光做了大量的实例解析；对此如何确定正确的曝光量、确定曝光的方法，做了详细地分析。根据主题、状况、素材等进行分类后，详细地介绍了每一种类型的曝光手法。以实例为主线，且融入了拍摄者在实战经验中验证了的摄影数据，从作者的实际拍摄经验出发，言简意赅地向读者介绍了在各种拍摄场景下如何进行曝光，并且分主题以不同的示例进行详细说明。本书还通过大量的对比分析了不同曝光值下形成的照片以及曝光得当的相片。

希望本书在讲述曝光的“技艺”时，给读者留下充分的思考余地，供读者自己发挥和补充。

著　者

2009年4月

CONTENTS 目录

C O N T E N T S

Part 01

控制曝光的基本要素

曝光是摄影最基本也是最重要的技术。控制好曝光对于拍摄一张好的照片来说非常重要，因为我们手中的数码相机所面对的自然界，是一个五彩缤纷、层次丰富、光线变化无穷的世界。要按摄影者的想法理想地记录现实生活中富于变化的各类事物，就必须学会控制数码相机的曝光。曝光既是摄影技术的关键环节，也是摄影艺术表现的重要手段。

要正确地控制曝光，离不开对有关曝光知识的了解与掌握，下面我们就介绍控制曝光的基本概念及其基本要素。

1.1 什么是"曝光"

当摄影者进入摄影领域，就会发现，最难以理解和把握的部分便是怎样正确地掌握曝光。当我们拍摄的照片比人眼看到的要暗很多，这就是我们所说的曝光不足；当照片要比真实的环境要亮很多，颜色比原有的色彩浅很多，这就是曝光过度。那么怎么才算是曝光准确呢？那就是肉眼感应到的亮度和色彩要与照片所呈现的效果一致。那么本章就用简单、易懂的方式解释"曝光"这个术语。

所谓曝光，就是指光线通过镜头进入相机的感光原件（CCD或CMOS）上，使其感光得到最佳的曝光量，能把原景物所有的影调和层次充分表现出来。曝光对影像质量的影响主要表现在影像的密度、清晰度与色彩三方面。

逆光下按人物脸部曝光，主体人物层次清晰

逆光下按人物的背景曝光，主体人物由于曝光不足而成为剪影效果

正确曝光是指摄影者按照要表现的意图，希望取得什么样的影调、层次及色彩的准确曝光。如果你要对逆光人像进行曝光，反映人物的细节层次，就应对人物的暗部进行曝光，这时所需的曝光量就较多，人物细节得以较好的表现，而背景因曝光过度而变得苍白而毫无层次。

如果你要将人物拍摄成剪影状就需要以亮的背景为主体进行曝光，这时所需的曝光量相对减少，人物因曝光不足而变为剪影效果。

1.2 曝光量

曝光量是由光线的强度与光线进入相机时间的长短的乘积构成的。数码相机感光原件上曝光量的多少，是由光圈和快门控制的。光圈是通过调整口径大小控制进光量，快门则是利用其开启和封闭之间的时间来控制进光量。受光的强度越大，光线与CCD或CMOS作用的时间越长，所得的曝光量就越多；反之，受光的强度越弱，光线与CCD或CMOS作用的时间越短，所得的曝光量就越少。

曝光过度，画面较亮，高光丢失一些层次，主体的饱和度较低。F/8，1/40s，ISO100

曝光正常，画面影像层次丰富，色彩饱和。F/8，1/125s，ISO100

曝光不足，画面较暗，暗部细节丢失，主体色彩饱和度低。F/8，1/500s，ISO100

小技巧

曝光量计算公式

E（曝光量）=I（光线亮度）× T（曝光时间）

其中，E代表曝光量，单位是勒克司·秒；I代表光线亮度，单位是勒克司；T代表光照时间，单位是秒。

我们以水杯、水龙头和时间这三者的关系说明曝光量、光圈和快门的关系。

把水龙头打开后，将水放入水杯内，就如同光线照在CCD或CMOS上，若是装满水，表示曝光完成，达到了所需的曝光量，水龙头开的大小就像光圈的大小，而装满水所需要的时间好比快门开启的时间。如果水龙头开得大（光圈大），所需的时间就短（快门速度快）；反之，水龙头开得小（光圈小），所需的时间就长（快门速度慢）。

从曝光量公式可以看出，受光强度与曝光时间成反比：当曝光量一定时，受光强度增加，曝光时间就应减少；受光强度减少，曝光时间就应增加。

即便是我们拍摄同一物体，若曝光量不同，图片的效果也会截然不同。摄影师可以根据自己的意图，以不同的表现方式，塑造同一对象的不同视觉效果。例如拍摄瀑布时，表现水流湍急奔腾还是轻盈缓慢，塑造了对象强烈与柔和两种相反的视觉效果。

下面的两幅图片是在同一地点拍摄的瀑布。对比这两幅图片，曝光时间较短也就是速度比较快的图片1表现了水流湍急奔腾的强烈视觉效果，曝光时间比较长的照片2的水流效果具有轻盈缓慢的柔和感。

图片1：1/250s,F/4.5 瀑布的画面被凝固，水流湍急奔腾

图片2：1/10s,F/13 瀑布的水流呈现丝绸般的柔滑细腻

在下面的图片中对比了曝光量对人物动态照片的影响。若拍摄比较静止的对象或移动较少的对象，这时不用长时间曝光。有些背景环境，拍摄者会比较喜欢长时间曝光的方法，但是人像照片的主体还是人物，所以一般情况下我们还是希望得到无抖动的清晰画面的人像照片。当我们拍摄静止的事物或移动较少的对象时，可通过开大光圈塑造人物；当被拍摄体移动的速度比较快，或人的周围飘落树叶，或人物的周围有

快速移动的物体，如旋转木马、风车等特殊对象，在体现运动着的物体的速度感时，我们一般都使用慢速快门，也就是曝光时间长一些，这种模糊的速度感能很好地衬托人物。

主要表现了旋转的木马

静止的对象

1.3 光圈

光圈是镜头里的一个“孔”，也叫控光装置，由一组很薄的弧形金属叶片组成，可以通过镜头调节到达CCD或CMOS平面上光线的强弱。光圈开得大，光线就强；光圈开得小，光线就弱。根据相机的不同，调整光圈可通过调整镜头，或者按动按钮，或者转动相机上的光圈拨盘来实现。在做这个动作的时候，镜头的孔要么增大了，要么缩小了；相应的，通过镜头达到CCD或CMOS的光就增多或减少了。

首先我们要知道光圈系数，在摄影上，光圈的大小并不是用光孔直径直接表示，而是采用光圈系数来表示，光圈系数也称F系数，F/2、F/2.8、F/4、F/5.6、F/8、F/11、F/16等。

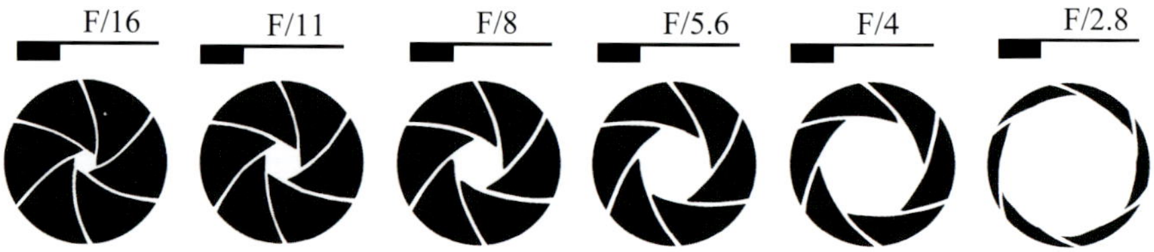

光圈系数

光圈系数F值越大，光孔直径越小，也就是光圈开得越小；反之，光圈系数F值越小，光圈开得越大。每一个F系数所代表的进光强度与其相邻的F系数的进光强度的关系是2倍关系。因此，开大一档光圈，曝光量就增加一倍；缩小一档，曝光量就减少一倍。例如，F/5.6是F/8进光量的2倍，而F/8又是F/11的2倍；F/5.6是F/4的进光量的1/2，F/8是F/5.6的1/2。

在同样的光线条件下，光圈的大小控制画面的明暗程度，大光圈使画面变亮，小光圈使画面变暗。如下面的图片中是在同样的光线下，相同的快门速度，光圈逐渐缩小一档，画面显示逐渐变暗，得到不同的曝光。

F/2.8，1/125s，ISO100

F/4，1/125s，ISO100

F/5.6，1/125s，ISO100

F/8，1/125s， ISO100

F/11，1/125s，ISO100

F/16，1/125s，ISO100

因此，在昏暗的光线下拍摄，把光圈开大确保足够的光线照射到感光元件上，以便得到充分的曝光；在明亮的地方拍摄，应收小光圈防止过多的光线照射到感光元件上。

低光量环境下的曝光。F/4,1/20s，ISO100

高光量环境的曝光。F/8,1/250s，ISO100

⊙ 数码相机的光圈调试

大部分的数码相机都具备了控制光圈大小的功能，我们可以任意调节光圈。许多数码相机的光圈调节并不在镜头上，而是在机身上。通过拨盘或按钮等来调节，从取景器或液晶显示屏上观察光圈数值。我们根据经验或根据测光系统提供的曝光量，在数码相机上进行光圈的调试。

首先，将数码相机的模式转盘转换到M档（或可以调节光圈优先模式A）

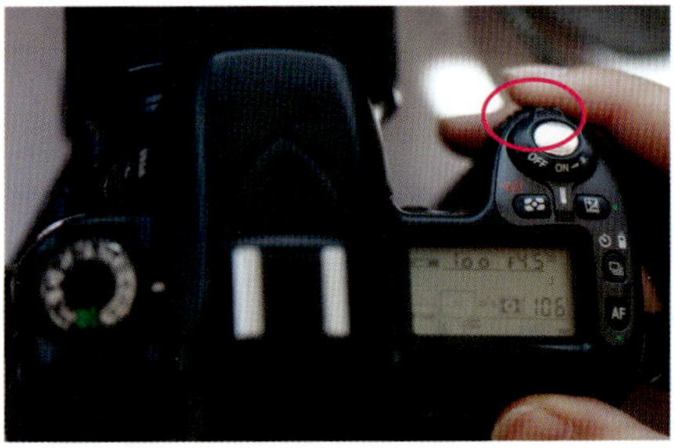

然后，操作数码相机机身上的前拨盘调节光圈数值

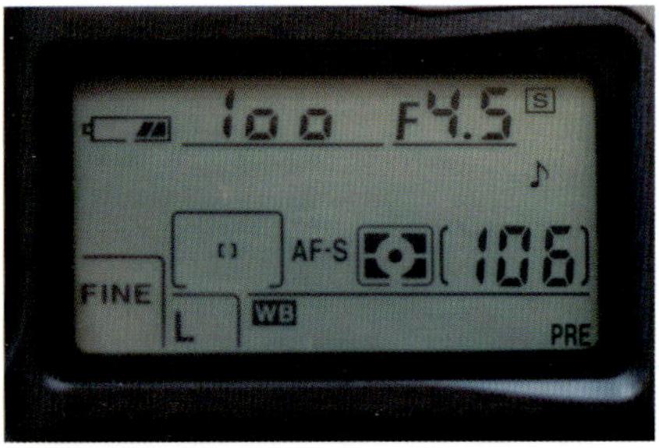

通过左右调节旋轮来设置光圈数值，在机顶显示屏上显示

⊙ 光圈与景深

光圈起着调整进光量，决定景深的作用。快门速度和光圈，两个要素相互补偿，使画面的构成达到完美境界，就能创作出好照片。下面介绍光圈的作用和表现景深的方法。

光圈最重要的作用就是控制景深。如果与被拍摄对象距离相等，改变光圈系数时，不仅影响进光量，也影响画面前后物体的清晰范围。

小技巧

何为景深？

在被拍摄体上进行对焦后，其前后一定范围内形成了清晰的影像，这个范围就称作“景深”。

1）焦点景深：若影像处于镜头焦平面前后的一定范围，就会存在肉眼能看清楚的部分，该范围称作焦点景深。

2）被摄体景深：对焦被拍摄体后，其前后清晰的影像范围被称作被拍摄体景深。光圈、焦距及拍摄距离决定了被拍摄体景深。景深越深画面会出现全景对焦效果，景深越浅画面会出现离焦效果。

当光圈开大到F/2.8时，景深变浅，对焦的被拍摄体非常清晰，该被拍摄体前后景物则变得模糊不清，这就突出表现了特定被拍摄体。若把光圈缩小到F/22，景深就会变深，此时对焦被拍摄体，则被拍摄体整个背景都将变得清晰可见。

开放和缩小光圈就会形成两种对焦手法，离焦和全景聚焦。全景聚焦也称全焦，是清晰显示整个画面的对焦手法，当光圈大于F/8，就能得到全焦效果；离焦手法，拍摄者有意识地模糊拍摄主体之外的其他背景，从而突出表现被拍摄主体。当光圈开到最大后，可以夸大表现背景的模糊效果，若背景比较平淡，就可以虚化背景，以人的脸部表情或者身体为重点，拍出更加吸引人的照片。

F/2.8 （离焦）使用50mm且拍摄者与被拍摄者距离不变的情况下

F/8 （全焦）使用50mm且拍摄者与被拍摄者距离不变的情况下

另外，控制被拍摄体的景深时，除了开放或缩小光圈，还可以选择不同焦距的镜头。与标准镜头或广角镜头相比，望远镜头的景深较浅，而广角镜头的景深最深。即使拍照时的光圈值相同，使用的镜头焦距不同，被拍摄体的景深也不一样。若使用广角系列的镜头，并缩小光圈，就可以表现全焦效果，均匀对焦整个画面。若使用望远系列的镜头，并开放光圈，就可以表现离焦效果，突出某个特定主体。

若要模糊处理被拍摄体外的所有背景，应尽可能缩短与被拍摄对象的距离；若想清晰显示被拍摄体与背景上的所有物体，那就要尽可能加长到拍摄对象的距离，或者使用广角镜头。

当我们理解了光圈与景深的关系，就可以利用光圈的大小进行创造性的曝光，调整光圈来获得最大冲击力。

长焦镜头拍摄，且尽量开大光圈所拍摄的浅景深效果

广角镜头拍摄，且尽量缩小光圈所拍摄的深景深效果

1.4 快门

快门的作用是让光线以特定的时间进入相机，它控制光线与CCD或CMOS等感光芯片感光时间的长短。所有的单反相机，无论是胶片相机还是数码相机，都可以选择快门速度。假若被拍摄体的明度和镜头的光圈不变，快门开启时间长，相机的CCD或CMOS等感光芯片所接收到的光量多，画面就会比较亮；快门开启时间短，相机的CCD或CMOS等感光芯片所接收到的光量少，画面就会比较暗。

⊙ 快门数值

快门速度把快门开启时间的长短以秒为单位计算，通常使用的快门时间为1，1/2，1/4，1/8，1/15，1/30，1/60，1/125，1/250，1/500，1/1000，它的含义就是曝光时间为多少分之一秒。例如，快门速度为125的意思就是数码相机让感光元件曝光1/125s。

每两个快门之间数值的差距都是2倍，例如，1/30s是1/60s2倍的曝光时间，1/1000s是1/2000s2倍的曝光时间。快门速度调高1档，通过镜头的通光量减半，相反，降低1档，通光量增加2倍。

常见快门速度列表（单位：s）		
B门 1 1/2 1/4 1/8 1/15 1/30 1/60 1/125 1/250 1/500 1/1000		
低速快门	中速快门	高速快门

例如，同一运动的物体，由于快门速度选择的不同，画面效果就不同。通常在使用时都要先考虑想要什么样的画面效果，再选择使用什么样的快门速度。例如图中，用较高的快门速度，可以将运动的物体凝固；用较慢的快门速度，运动的物体会拖着长长的影子，运动体会比较模糊，速度越慢画面会越模糊，画面会具有极强的流动感。

例如，画面中的这三幅图片通过改变快门速度拍摄，会得到不同的画面效果。

1/500s,ISO100 运动的画面被固定

1/125s,ISO100

1/15s,ISO100 运动的画面呈现模糊

数码相机的快门调试

数码相机的快门调节往往通过按钮或拨盘等进行调节，从取景器或液晶显示屏上观察快门数值。

下面以尼康D80的快门设置操作为例，熟悉数码相机快门的操作。

首先，将数码相机的模式转盘转换到M档，或者调节到快门优先档S

然后，拨动数码相机机身上的模式转盘，通过左右拨动就可调节快门速度

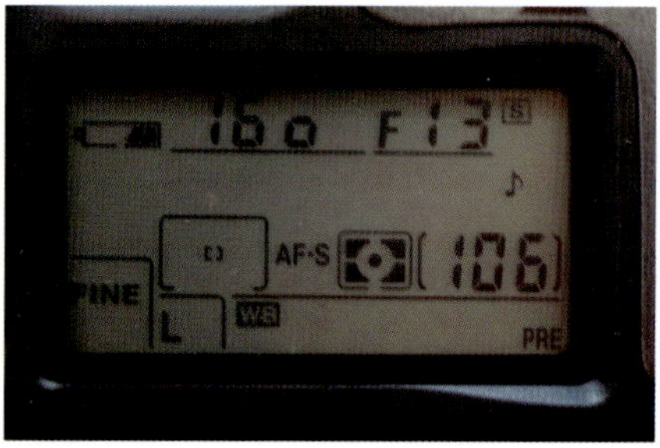

在相机的机顶显示屏上会显示出快门速度的数值，当你拨动拨盘时，数值就会发生变化

数码相机的设计原理，使数码相机本身有一个缺点，就是“快门时滞”。快门时滞是指数码相机在拍摄时快门有延迟时间，也就是在拍摄完第一张照片后，要隔一段时间才能拍摄第二张。这种现象在传统相机中几乎是不存在的，但数码相机有着明显的快门时滞现象，尤其是早期的数码相机，有些机型甚至从按下快门到快门启动都会有延迟。现在的家用卡片机，快门时滞的时间就比较长。当然，不同型号的数码相机的拍摄延迟时间，从几分之一秒到几秒不等。

虽然快门时滞是缺点，给我们的拍摄带来很多不便，但是巧用快门时滞也会得到很不错的画面效果。下面这幅照片就是按动一次快门后，由于该快门时滞可以得到一实一虚重叠的特殊效果图像。

1/15s,ISO100　快门时滞时间较长，使画面产生双影人像

⊙ 快门的应用

快门开启的时间长短影响曝光量。例如在画面中，使用光圈值和快门速度分别为F/8和1/125s，在此光圈和速度下画面的曝光正常。若光圈值F/8保持不变，快门速度调整为1/60s，那么通光量增加至2倍，画面会曝光过度。若快门速度调整为1/250s，通光量减少2倍，画面会曝光不足。

F/8,1/125s 下曝光正常

F/8,1/500s 下画面曝光不足

F/8,1/30s 下画面曝光过度

快门速度时间的长短，不仅仅影响曝光量，还影响画面的成像清晰度，尤其是拍摄运动中的物体，快门速度与运动体的相对速度，直接影响运动体的再现效果。下面我们来详细介绍一下快门速度的分类：

1）低速快门

当快门速度慢于1/30s时称为低速快门，主要抓取画面连续性的感觉时，就必须要用更低的如1/8s这样的快门速度。

当在光线不足或较暗的环境中拍摄时，特别是表现物体的流动时，多使用低速快门。若能运用好低速快门，可以拍摄出丰富多彩的特殊画面。都市的夜景中，当你使用较低的快门速度，就可以把周围行驶的汽车前照灯光表现为一条条光轨，拍摄出来的画面非常有魅力。另外，使用低速快门速度还可强调移动中被拍摄体的速度感，使运动物体的影像模糊。

使用低速快门拍摄的都市夜景，汽车的灯光形成一条条光轨，非常漂亮

画面中使用1/30s的快门速度，速度比较慢，运动中的人物就会产生比较虚幻的影像；从画面中可以看出，运动的人物比较模糊，静止的人物比较清晰

要降低快门速度，最简单的方法就是缩小镜头的光圈。调小光圈减少了到达感光元件上的光亮，这样就可以使用较慢的快门速度来满足需要的曝光量。如果环境光线很亮，即使将光圈调至最小也无法获得较慢的快门速度时，需要使用偏振镜或中灰度滤镜来减小光线亮度，获得慢速快门。

小技巧

使用比较慢速的快门，可以很明显地感觉到相机的晃动，一般选择使用慢速快门时，应使用三脚架进行拍摄。

2）中速快门

通常使用最多的快门速度为1/60～1/250s,使用此速度可以拍摄移动较小的被拍摄体的静止画面。拍摄运动性比较强的场景或利用慢速快门表现移动的轨迹时，不适合设定该范围内的快门速度。我们在拍摄照片时，会经常使用到中速快门，日常生活中使用中速快门也比较多。在晴朗天气，光线比较充足的状况下，使用中速快门很容易得到准确的曝光量。

使用中速快门拍摄运动较少的动作没有问题
1/125s、F/5.6

3）高速快门

当快门速度高于1/250s时，属于高速快门；可以拍摄到高速运动中被拍摄体的静态画面，即使不使用三脚架，也不会受到相机震动的影响。通常在拍摄一个快速移动的物体时，使用比较高的快门速度凝结画面。

要提高快门速度，最简便的做法就是开大镜头的光圈。调大光圈增加到达相机感光元件上的光线的数量，这样就可以使用更快的快门速度来满足曝光的需求。

这幅照片中快门速度为1/500s，丹顶鹤凝固在画面中，主体清晰；如果拍摄的速度不够快，所拍摄的主体将是一片模糊的影子

在体育摄影中，高速快门能够将快速运动中的人物瞬间“凝固”下来，对快速移动人物的瞬间动作，做细节和质感的鲜明描绘，使影像更鲜活、更生动。

图中使用了1/1000s的高速快门拍摄，运动中溅起的水珠被凝固成珍珠，非常美丽，增加了照片的表现力

画面中使用1/1000s的高度快门，使模特的走路动作定格。图中使用长焦镜头拍摄，很好地虚化了背景，突出主体的动作，使模特的魅力姿态展露无疑

⊙ 光圈与快门速度的结合

光圈与快门速度的配合控制着照片的曝光量。对于摄影曝光来说，光圈开大或快门速度放慢，曝光量都会增加；光圈缩小或快门速度变快，曝光量会减少。在拍摄的过程中，调节光圈会影响到快门速度，调节快门速度会影响到光圈，为了获得合适的曝光量，光圈和快门速度都要调节。

当我们为被拍摄体确定了正确的曝光量之后，光圈与快门的不同组合能获得相同的曝光量。当光圈开大，相应的快门速度就要加快；如果光圈系数每增加 1 档，从 F/4 增加到 F/2.8，透过的光线为原来的 2 倍，为了获得相同的曝光量，应将快门速度调快一级，缩短快门的开启时间。

F/8,1/125s,ISO100

F/2.8,1/125s,ISO100

缩小了光圈，快门速度就要相应地放慢。光圈系数每减少 1 档，从 F/5.6 调到 F/8，透过的光线为原来的 1/2 倍，为了获得相同的曝光量，应将快门放慢一级，增加快门的开启时间。

由大到小 → 光圈小

F/2.8	F/4	F/5.6	F/8	F/11	F/16	F/22
1/250	1/125	1/60	1/30	1/15	1/8	1/4

由快到慢 → 速度慢

因此，在同一光线下，光圈和快门的不同组合可以获得相同的曝光量。如F/8，1/125s；F/5.6，1/250s；F/11，1/60s这三个组合获得的曝光量是一样多的。光圈开大1档，快门速度加快1档；光圈缩小1档，快门速度放慢1档。依次类推，光圈开大2档，快门速度提快2档；光圈缩小2档，快门速度放慢2档，都会获得相同的曝光量。

F/5.6,1/30s,ISO100

F/8,1/15s,ISO100

在拍摄一幅照片时，在曝光量固定的情况下，如果单从曝光的效果角度来考虑，那么选取任何一种曝光的快门与光圈组合都可以，但如果除了曝光正确外，还需考虑整个画面的清晰度，拍摄主体的虚实效果等因素时，就必须对这些快门速度与光圈的曝光值做出最佳的选择。

如拍摄这幅画面，能使这幅照片获得合适曝光量的光圈和快门组合有：F/8，1/125s；F/5.6，1/250s；F/4，1/500s等。在较亮的光线下要获得较浅的景深，这时我们就要使用大光圈，选择F/4，1/500s作为这张照片的曝光组合。在选择最合适的曝光组合时，一定要根据拍摄时的需求来定夺。例如，想得到浅景深就选择大光圈的组合，想得到大景深就选择小光圈的组合。

画面中光线比较充足，且使用F/4的大光圈有效地虚化背景，突出主体人物，选择F/4,1/500s作为这张照片的曝光组合

1.5 感光度

感光度对照片的影响非常大。在传统的胶片相机上感光度是指胶片对光感受的灵敏程度。数码相机的感光元件 CCD 或 CMOS 也与光线反应快慢有关，即相当于感光度。它是衡量感光元件感光速度快慢的单位标志。感光度的大小是由相应的国际标准 ISO 值来规定的。

常见感光度数值表

25	50	100	200	400	800	1600	3200	6400
低感光度		中感光度		高感光度				

数值越大，表明相应的感光元件光线敏感度就越高，所需要的曝光量就越少；相反，数值越小，表明相对应的感光元件光线敏感度就越低，所需要的曝光量就越多。尤其在暗处拍照的时候，感光度是必不可少的部分，而设定不同的感光度值后，曝光效果也会大大不同。感光度设置不当，很可能造成曝光失败。所以，要获得最佳拍摄效果，一定要恰到好处地设置好感光度值。

⊙ 感光度的调节

数码相机感光度值的设定，一般是用指定的按钮，配合液晶显示器中的菜单来进行操作的。

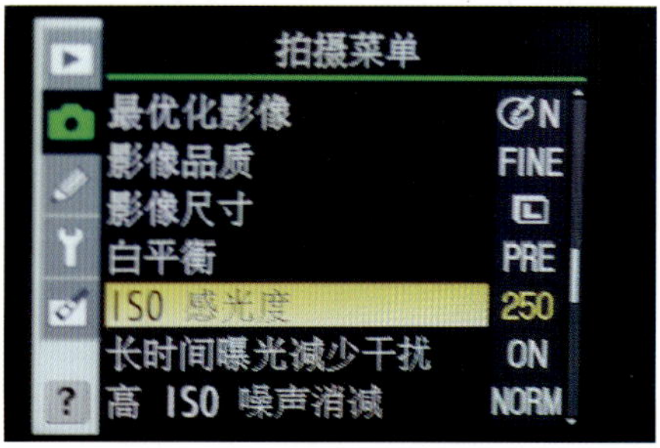

按下 MENU 键，液晶屏上显示 ISO 值设定

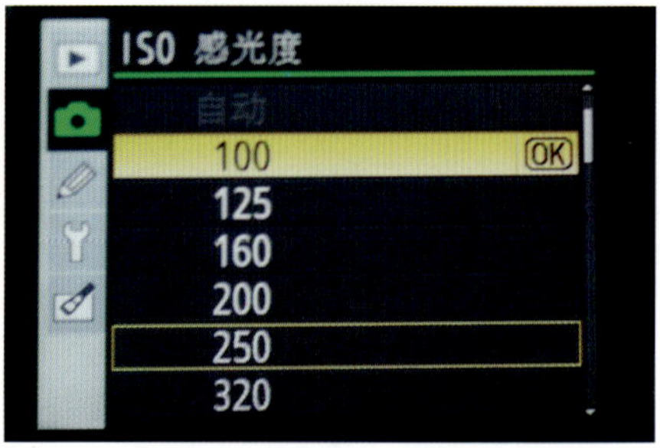

按上下左右键，选择进入 ISO 值设定

一般的相机都会有快捷键来快速选择 ISO 值的设定，而不需要进入菜单一次次地选择。以尼康 D80 为例，来讲述一下如何快速设定 ISO 值。

按住ISO键，配合主指令拨盘左右拨动拨盘在机顶显示屏上选择感光度数

机顶显示屏上的感光度数

⊙ 感光度与曝光量的关系

多数数码相机的ISO数值都是默认为标准感光度100，还有更高或更低的感光度可选择，不同的机型会有一些差异，但ISO感光度可调范围基本都为100至3200，现在市面上的部分相机，其感光度都超过了该范围。

ISO数值的大小也是分级表示的，如ISO50，ISO100，ISO200等，其中ISO200的感光速度是ISO100的2倍，所以当我们将ISO100调到ISO200，相当于开大1档光圈，而ISO50的感光度是ISO100的一半，当我们将感光度ISO100调至ISO50，相当于缩小1档光圈。例如下面的四幅照片，光圈和快门速度一样，但是ISO值越高，图片的曝光效果越亮。

F/4,1/500s,ISO100 环境光线比较弱，画面曝光不足

F/4,1/500s,ISO200 随着感光度的提高，画面变亮

F/4,1/500s,ISO400 随着感光度的提高，画面变亮

F/4,1/500s,ISO800 随着感光度的提高，画面变亮

感光度越高，感光元件与光线反应越快，可以缩小光圈或提高速度达到理想的曝光量；感光度越低，感光元件与光线反应越慢，可以开大光圈或放慢速度达到理想的曝光。因此，在我们的拍摄过程中，当ISO值提高一个级别数时，相当于通光量减半，我们就可以相应地提高快门速度或缩小光圈。例如下面这两幅画面的拍摄条件为ISO100、光圈值为F/5.6及快门速度为1/15s，那么ISO设为400时，若光圈值仍为F/5.6，那么只有把快门速度设为1/60s，才能获得相同的曝光效果。

相同的曝光量

1/15s,F/5.6,ISO100

1/60s,F/5.6,ISO400

⊙ 调节ISO适应光线强弱不同的拍摄环境

ISO值越高，图片的曝光效果就会越亮。感光度越高，画面的成像速度就越快。因此，低感光度适合在明朗的天气下，光亮比较充足的地方拍摄，不适合拍摄弱照明和动态场景，低感光度下可以拍摄出清晰、洁净的画面。高一些的感光度非常适合拍摄弱照明和移动中的被拍摄体，能够使较暗的画面得到适合的曝光，但画面会产生噪点，变得粗糙，这就是许多摄影者不选择使用高感光度的原因。

当数码相机的感光度设置在ISO400以上，拍摄的照片放大容易出现马赛克，也就是噪点。因此，感光度有一定的范围，在允许的范围内，将感光度设置高或低，拍摄效果会有所区别。将感光度设置得越高，照片上所看到的杂点越多，画质变得越粗糙。

F/5.6,1/60s,ISO100 画面中使用标准感光度，画面有点暗，但画质细腻

F/5.6,1/60s,ISO400 画面中使用高感光度400，画面变亮，但同时增加了很多噪点

所以，在光线充足的环境中，我们通常只使用标准感光度ISO100。但是在夜景中或室内环境较暗的情况下，可以适当地调高感光度，相应地缩小光圈或者提高快门速度，使画面清晰，得到适当的曝光。但一定要注意对中、低、高感光度进行选择，在一般情况下的室内，光线比较暗些的环境中，我们使用中低感光度就可解决，使用不超过ISO400值的感光度就可使画面变亮。在夜景环境中，光线会暗很多，在没有配备

三脚架或者难以确保快门速度时，我们只能果断地提高感光度，夜景环境中我们可以使用高达800数值的高感光度来拍摄。下面的这些照片并没有使用闪光灯，只是运用感光度拍出了不同的效果。

使用ISO800拍摄的夜景画面，高感光度可以相应地提高快门速度，在没有三脚架或闪光灯的情况下手持相机拍摄

在室内较弱的环境光线中，使用感光度200的数值能使画面得到充足的光线

Part 02

数码相机的测光模式

当我们拿起相机进行摄影的第一步就要测光。测光是确定曝光量的基本，也是非常重要的部分，所以我们在确定曝光量之前，先要测光。如果说，决定拍照亮度的要素是曝光度，那么测光则是测量被拍摄体的亮度，它是确定曝光量的标准。因此，在拍摄时我们要慎重、合理地选择测光模式。

2.1 理解测光

所谓测光，是指确定曝光量之前，测定曝光量的画面范围的标准。简单地说，就是对被拍摄物体的受光情况进行测量。现在的数码相机大都具有内测光功能，数码相机的测光系统根据环境光线，依靠特定的测量方式给出的光圈、快门组合。一般测光得到拍摄对象的光亮度，然后根据这一亮度给出一定的光圈和快门组合，并将测量的数据提供给拍摄者或反馈给数码相机，以此来确定曝光量。使用数码相机进行拍摄时，使用正确的测光模式，选取合适的曝光模式是非常必要的。

我们相机内部的测光系统是反射式测光。反射式测光就是测量被拍摄体的反射光亮度。也就是对被拍摄体的18%中灰色调再现测光亮度，并根据这种亮度给出需要的曝光组合。但是测光系统是没有视觉的，也就是说，不管你把测光系统对准什么色调的被拍摄体，它总认为被拍摄体是中灰色调的。

当测光对象是白色或明亮的物体占主导地位的画面时，它不能感觉到该物体是白色的，按测光表读数进行曝光，就会曝光不足，因为白色物体反射光强，测光系统会让拍摄者缩小光圈或提快速度，按其曝光白色的物体就会呈现灰色调，而不是白色调。

使用相机内的测光系统进行测光，拍摄出来的画面中雪呈现灰色调

根据相机内测光系统给出的曝光数，增加1~2档曝光，能还原画面雪的白色

当拍摄对象是黑色或深暗色调时，相机测光不能感觉到该物体是黑色的，按测光表读数进行曝光，就会曝光过度。因为黑色物体反射光弱，测光系统会让拍摄者开大光圈或放慢速度，按其曝光黑色的物体就会呈现出灰色调，而不是黑色调。

当拍摄的对象是黑色物体时，如果使用相机内部的测光系统测光，拍摄出来的画面黑色物体会呈现灰色调

根据相机内部测光系统的曝光数值，我们只需再让曝光不足半档或一档，黑色就会呈现出原物的黑色调

当测光对象是18%反射率的中灰色调，包括测光范围内各种景物综合亮度是18%中灰色调时，按测光读数推荐的曝光量就能产生准确的曝光，最大限度地表现景物丰富的层次。

了解上述反射式测光原理，对于用好数码相机的测光系统是十分重要的。

小技巧

自然界中接近中间影调的景物有树、绿玻璃、岩石、蓝天、土地及我们亚洲人的肤色。

2.2 了解测光模式的种类

无论专业数码相机，还是普通数码相机，机身都配备了丰富的测光模式。这些测光模式通常会根据测光元件对摄影范围内测量区域的不同来进行分类。数码相机的测光模式对测光的准确度有影响，现在600万像素以上的数码相机，绝大多数的测光模式都有以下四种可供使用者选择：矩阵式测光、中央重点测光、点测光、局部测光。这些具有不同特性的测光模式，为拍摄者获取正确曝光值提供了保障。掌握好这些测光模式，对初学者非常有利。

数码相机内之所以有这么多模式，是因为大自然的光线变幻莫测，这样的设计针对不同时间，不同地点，不同的拍摄对象，以及摄影者不同的表现意图。单一的测光模式太过于简单。数码相机上具备的测光模式，让拍摄者在不同的环境中，达到理想的效果，提高曝光的准确度，恰当的选择并使用测光模式。

下面的这四幅照片是同一景物选择不同的测光模式进行曝光获得的照片效果。

矩阵测光

中央重点测光

点测光

局部测光

⊙ 评价测光模式

评价式测光有不同的名称，不同的相机厂商采用的名称不同。佳能相机称为评价测光，尼康相机称为矩阵式测光，宾得相机称多区域测光，美能达相机称为蜂巢式测光。

评价测光是将取景画面分割为若干个测光区域，每个区域独立测光后，再整合起来计算出一个整体的曝光值。矩阵测光是目前最先进的智能化测光方式，它在多数光线下都能够曝光准确。对拍摄中经常遇到的光照均匀问题进行一系列的判断，最终分析出曝光值。使用这种测光模

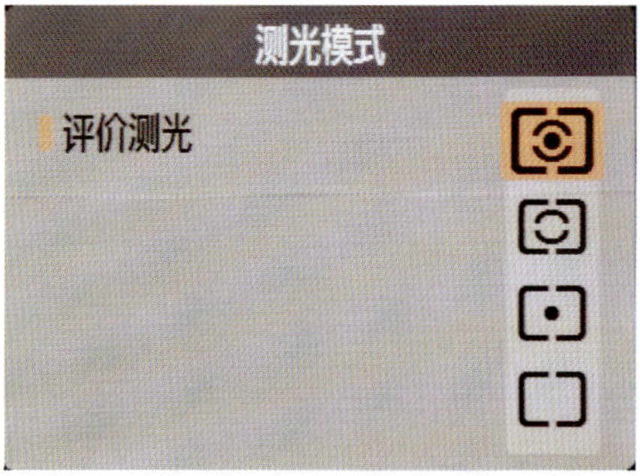

佳能450D菜单下的评价测光模式

式，即使是对测光不熟悉的人，也能够拍出曝光较准确的图片。

评价测光适合光照比较均匀的场景，在背景和主体的亮度差异较少的状态下，很适用这种测光模式。一般在顺光状态下，拍摄光源比较正的时候,画面中不会产生大比例的明暗变化，使用矩阵测光拍摄出来的画面可以得到很适合的曝光。

在拍摄大场景的风光照片时，最好选择没有大片明暗变化的光线，使用评价测光可以得到非常明朗且曝光准确的画面

使用评价测光拍摄的花朵，很轻松地就可得到合适的曝光

小技巧

评价式测光这种模式尤其适合大场景的拍摄，例如，风景、团体合影等。

使用评价式测光拍摄的建筑照片

⊙ 中央重点测光

中央重点测光又称中央平均测光，这种模式的测光重点放在画面中央，同时兼顾画面边缘，是一般数码相机都会支持的测光方式。使用这种测光模式拍摄时，最好将准确曝光的被拍摄主体置于取景器的中间，测光的感光元件会重点对中间部分进行测量，并与整体测光值一起进行分析。在测光时应偏离图像最暗或最亮的区域，取场景的中间区域进行测光。

中央重点测光模式最为常用的是人像拍摄，拍摄人像照片时，多数人都把人物安排在画面的中央，因此厂商设计出了这种测光模式。虽然由于相机的品牌和机种不同，该方式有一些差异，但中央测光部分基本都占画面的60%，而剩余的40%则对应于画面边缘。中央重点测光还适合顺光拍摄或拍摄角落里的景物。

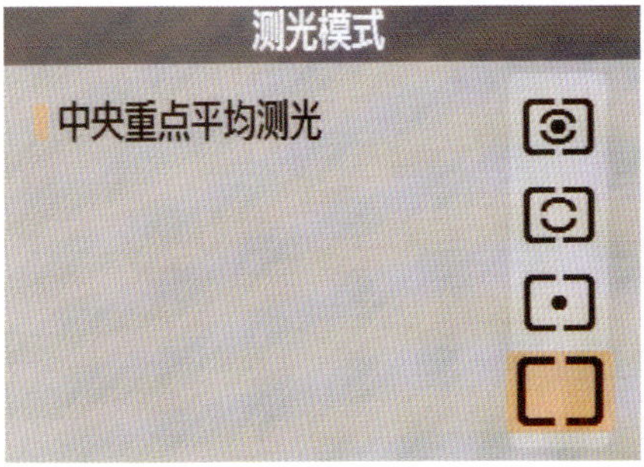

佳能450D菜单下的中央重点平均测光模式

以下面的图像为例，设定相同的光圈值时，对画面中央进行测光后，拍照时的快门速度为1/100s，对画面边缘进行测光后，拍照时的快门速度则为1/80s。因此，相机选择中间值1/90s后，确定了曝光量。

中央重点平均测光

经过相机内部中央重点平均测光模式进行测光后，以1/90s的速度拍摄的画面效果

中央重点测光，画面的中心是一朵小黄花，拍摄时非常适合使用中央重点测光

我们在拍摄人像时，通常以人物的脸部作为主体来表现，在拍摄时要求正确的曝光。当人物主体放在画面中心时非常适合使用中央重点测光，尤其是当人物和背景光度相差较大时，中央重点测光的优势就表现出来了。

拍摄人物主体时，只要人物处于画面的中央，就可以选择中央重点测光

当拍摄的画面背景比较暗时，使用中央重点测光可以使人物主体面部得到正确的曝光

⊙ 点测光

点测光是测量画面中央很小范围内景物的亮度值，以此作为相机曝光模式和指数设定的依据。由于点测光只对很小的区域进行准确测光，区域外景物的明暗对测光无影响，所以测光精度很高，大多数点测光相机的测光区域为1%~3%。点测光的优点是，用户可以直接选择测光点，它类似于局部测光，属于按照用户的意图确定曝光量的手动曝光模式。在拍摄亮度差较大、明暗面积很均匀的被摄物体时，摄影者可以用画面中心一个很小的范围对被拍摄体或其他区域上某亮度进行测定。

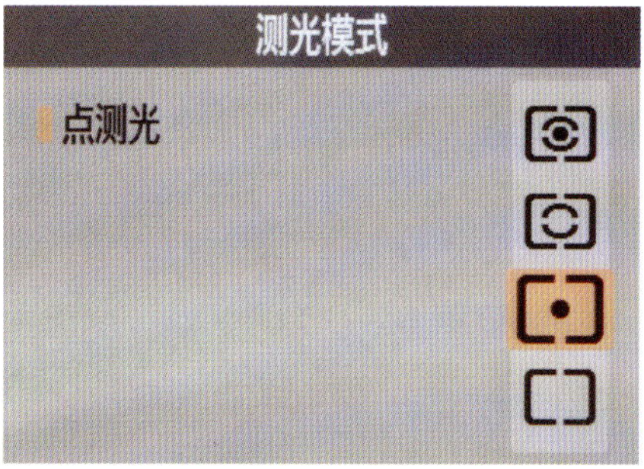

佳能450D菜单下的点测光模式

小技巧

点测光的缺点是：测量范围很小，拍摄环境非常昏暗时，难以测光。此外由于只对画面的很小部分进行测光，必须注意被拍摄主体和背景的明暗反差悬殊的情况。

下面三幅照片是使用点测光对同一场景的不同区域测光后的画面效果。

点测光（对准蓝天）F/8，1/640s,ISO100

点测光（对准建筑）F/8，1/125s,ISO100

点测光（对准前景）F/8，1/25s,ISO100

在原距离拍摄景物，使用点测光模式，也可以对所拍摄景物，或某一部分进行标准测光。在微距摄影中应用点测光，可以让被拍摄体曝光更加准确。在人像拍摄时，可以准确地对人物局部，如脸部，眼睛等，进行准确曝光。

点测光，对准暗色的花蕊进行部分测光

在拍摄人物特写时，可以使用点测光对人物的脸部进行测光

另外，选择点测光模式后，由于只测量很小范围的曝光量，所以拍摄不受背景亮度的影响。拍摄容易曝光失败的逆光摄影，身着白色或黑色衣服的人物时，点测光可以充分展示其魅力，获得比较正确的曝光量。

使用点测光模式的情况：

1）对被拍摄主体进行曝光的时候。多云环境光线下。当时，人物位于树荫下，背景和人的明暗反差比较悬殊。我们采用了点测光，对人的脸部进行测光后，确定了曝光量。且当主体人物身穿白色衣服时，使用点测光拍摄效果非常好。

2）画面中一束夕阳光线照射在主体人物的脸部。此时，采用点测光，以亮部为主进行曝光，黑暗的背景反而衬托出被拍摄主体，具有集中观赏者视线的效果。

3）使用点测光可以轻松获得剪影效果的照片。剪影照片是指逆光的对象变得漆黑，只显示形态轮廓，以亮背景为主进行曝光的照片。我们若选择点测光模式，测量不受逆光影响的亮背景，很容易得到剪影照片。

⊙ 局部测光

局部测光模式只对画面的一个区域进行测光，周围的背景不论是明还是暗，都不会对局部的光亮产生任何影响。测光范围约3%~12%。为了得到更为准确的曝光，局部测光模式可以对目标区域进行测光，使拍摄主体得到准确的曝光。

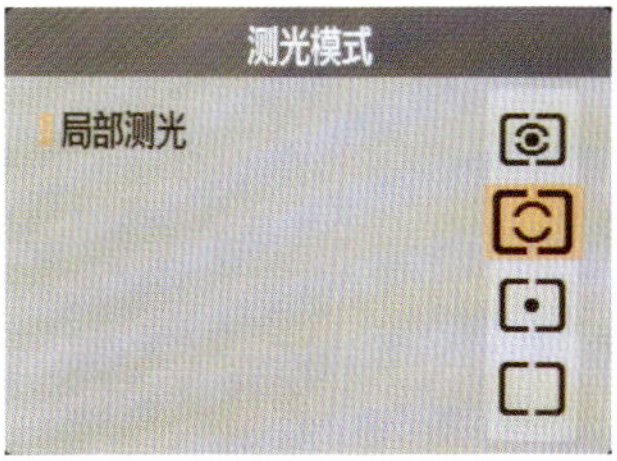

佳能450D模式下的局部测光模式

使用局部测光适合拍摄一些光线比较复杂的场景，被拍摄主体与背景有着强烈明暗反差，被拍摄主体所占画面的比例不大时，像舞台拍摄、逆光拍摄等场景。

同时在逆光条件下，如果没有使用局部测光模式，常会造成拍摄的背景曝光正常，而拍摄的主体曝光不足，这是因为背景光线太强。如果使用局部测光模式拍摄，测光点只集中在中央主体上，不受周围强光的影响，测光系统只对主体进行测光，使主体曝光合适。例如，图中这幅图片是在逆光状态下拍摄的，使用局部测光模式对画面的亮部进行测光，前景由于曝光不足变成剪影。

画面中利用局部测光对亮部区域进行测光，使其前景框架曝光不足形成剪影

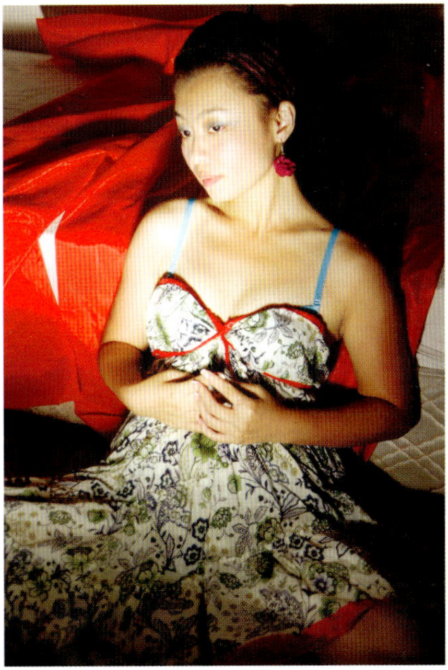

画面中的光束犹如舞台灯效果，使用局部测光模式对亮部区域测光，使其亮部得到充足的曝光

2.3 学习使用测光锁定

测光锁定又称自动曝光锁定，是在高档单反数码相机上才有的功能。利用测光锁定功能，可以在复杂的光照条件下，或是拍摄景物只占画面小部分的特殊情况下，进行准确曝光。

拍摄时的具体做法是：首先将数码相机对准可获得正确曝光值的部位进行测光，将曝光值锁定之后，再重新进行取景拍摄，获得准确的曝光量。不同的数码相机有不同的测光锁定方式：有的是利用专门的测光锁定AE-L按钮（自动曝光/自动对焦锁定公用AE-L/AF-L一个按钮），有的是利用半按快门，或者两种方式都具备。

下面这幅图片是按画面主体运用点测光模式将曝光锁定拍摄的，背景由于曝光不足而变成黑影。

尼康D80机身上的测光锁定按钮及对焦锁定按钮

画面中使用点测光对亮部花朵进行曝光，在测光时对其进行曝光锁定，然后再对画面进行构图拍摄

Part 03

数码相机的曝光模式

熟练掌握数码相机的曝光模式，可以提高我们拍摄出成功照片的几率。
这一章节里主要来介绍相机的几种曝光模式。

3.1 曝光模式的选择

不同的相机制造商采用不同的标记形式，但这只是名字上的微小差异，功能上没有区别。佳能把快门优先模式标记为Tv，而尼康相机上则标记为S,其实在功能上基本一样。不同的相机机种之间，只是在快门速度的调整范围上有着微小的差异。

尼康 D80 相机曝光模式转盘

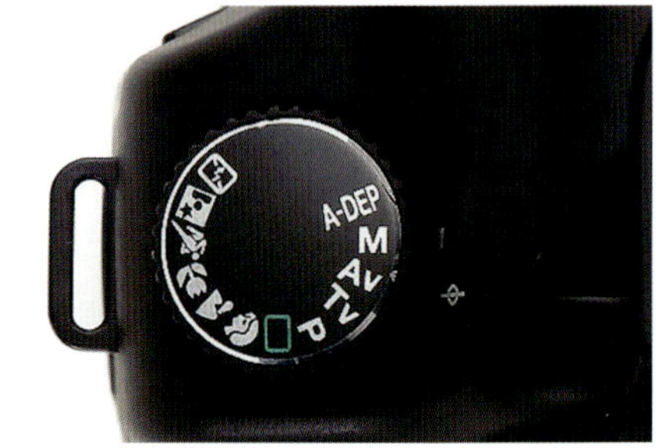

佳能 30D 曝光模式转盘

现在的数码相机在曝光模式上一般都有自动曝光模式（AE）和手动曝光模式（M）这两类。其中自动曝光又分为程序自动曝光、光圈优先自动曝光和快门优先自动曝光。一般手动曝光模式只出现在中、高档数码相机上。由于科技的发展，现在很多家用卡片机也具备手动曝光模式。

在有多种程序模式可选的数码相机中，只要根据不同情况在LCD上或模式盘上选择相应的图标或字母，数码相机就会启动相应的程序进行自动曝光。

曝光模式的种类及功能

曝光模式		光圈	快门速度
手动曝光模式（M 模式）		手动	手动
自动曝光（AE）模式	程序模式（P）	自动	自动
	光圈优先模式（A（v））	手动	自动
	快门优先模式（S（Tv））	自动	手动

在下面的内容里我们来具体学习如何使用这些曝光模式。

⊙ 手动曝光模式

手动曝光模式又称为测光手动曝光模式，在数码相机上用M表示。有的数码相机在模式转盘上有显示，现在的数码单反相机的M模式在机身的左下侧，如尼康D80。

尼康D80机身左下侧的M模式与自动模式的切换按钮

索尼a700模式转盘上的M模式

在此模式下，完全由拍摄者自己设定光圈系数和快门速度，同时借助数码相机的测光系统来确定曝光量。

画面中使用数码相机的P档模式拍摄，相机自动把光线平均，使前景画面变亮，太阳此时曝光过度，画面效果不太好

此画面使用相机的M档拍摄，拍摄者自己调节光圈和快门速度，拍摄时故意让曝光不足一些，充分展现出了夕阳的美；仙鹤在弱光线夕阳的照射下形成很漂亮的轮廓光，画面呈现出一种寂静美

在手动模式下，首先需要根据光线条件、拍摄意图，选择一组光圈系数与快门速度的组合，并在数码相机上进行设定。然后半按快门钮让数码相机自动测光，若测光结果显示曝光偏过或曝光不足，则还需要重新调整光圈系数与快门速度组合，直到测光显示曝光量合适，再按下快门。

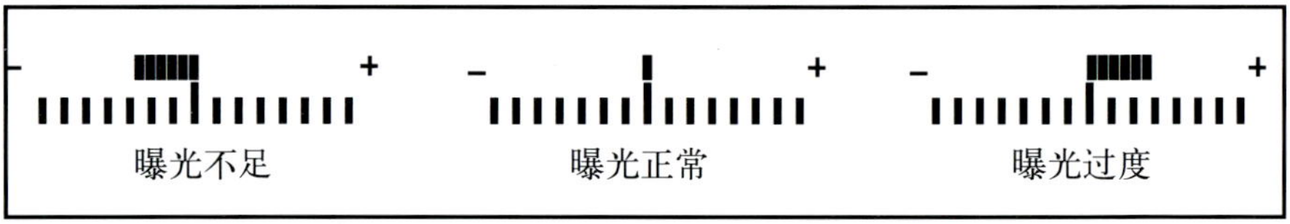

从取景器中看到的测光结果，依次为曝光不足，曝光正常，曝光过度

画面中拍摄的雪景，使用相机内部的测光系统显示的是正常的曝光量，拍摄出来的画面会偏灰，这时要适当的增加曝光量，还原雪的真实白色

小技巧

在手动曝光模式下，使用感光度可调的数码相机，必须先将数码相机的感光度值调为合适的数值。在测光时，还应注意测光区域及被拍摄景物的亮度分布，必要时适当增减曝光量。

⊙ 自动曝光模式

自动曝光模式包括程序自动曝光模式（P）、光圈优先自动曝光模式A（Av）、速度优先自动曝光模式S（Tv），下面我们来讲述一下这三种自动曝光模式。

程序自动曝光模式（P）

程序自动曝光模式，在相机上用P表示，是由相机按预先设计好的程序自动选择光圈系数和快门速度的自动曝光模式。几乎所有的数码相机都具有程序自动曝光模式，尤其是低档入门级的数码相机更是只有这一种模式。一些较为专业的数码相机还配有程序偏移，又称弹性自动程序，也常用P表示。当数码相机处于程序自动曝光时，通过拨盘可以使光圈系数或快门速度改变，而此时相机仍然维持正确的曝光。如果不需要刻意地控制景深或控制物体影像的效果，几乎所有的摄影对象都可以用程序曝光模式进行曝光。

尼康D80模式转盘上的P档

选择P模式后，由相机自动控制曝光效果。这样一来，拍摄者可以专心构思人的神态、构成等画面要素，尤其适于抓拍突发事件或进行遥控自动拍摄。

P模式虽然操作起来较为方便，但难以拍摄出特殊的图像效果，偶尔也会曝光控制不当。若摄影环境的光线较弱，快门速度必然会减慢，甚至有可能拍摄出抖动的图像。很多人会觉得P模式就是全自动模式。其实不是，在这种模式下，感光度、闪光

当使用P档模式来拍摄时，我们可以使用抓拍，连续拍摄人物的动作，不用再考虑曝光的问题

灯等都可以保持原状态，只是自动控制了快门速度和光圈值。比如，在P模式下拍摄夜景时，为了保障快门速度，必须调节感光度，并确认是否使用闪光灯。

光线较弱的环境中，可能会拍摄出抖动的画面

提高感光度后避免了画面的模糊

光圈优先自动曝光模式A（Av）

光圈优先自动曝光模式，在数码相机上用A或Av表示。光圈优先模式即光圈系数手动设定、快门速度自动选择的曝光方式。由摄影师设定光圈值，相机会根据感光度、已选定的光圈值和测得的景物亮度等信息，自动确定准确曝光的快门速度。摄影者可以根据自己的意愿选择大光圈或小光圈来获得浅景深或深景深效果。

尼康D80模式转盘上的光圈优先自动曝光模式

使用光圈优先自动曝光模式，根据所需要的景深范围先选择光圈，根据相机提供的矩阵式测光提供的曝光组合进行曝光，ISO100

很多时候，改变光圈值的目的就是调整照片的景深。深景深表示，从被拍摄主体到背景，所有拍摄对象都很清楚；浅景深表示，正确对焦的被拍摄体清晰可见，前后事物变得越来越模糊不清。在拍摄人像时，初学者总要表现浅景深效果，无论拍摄对象是什么，摄影地点在哪里，总是盲目开大光圈，很多初学者都认为，这是最好的图像效果。如果所拍摄的环境单调无趣，那么分离人和背景的手法，是富有表现力的；如果有着丰富的背景，强调人景的结合，就不要开太大的光圈。

画面中利用深景深拍摄，背景中出现了别的人物，有些杂乱，影响画面效果

为了避免有些杂乱的背景，画面使用了浅景深效果，突出主体人物

画面中使用光圈优先拍摄，室内较暗，过低的快门速度会导致画面模糊

在使用光圈优先模式拍摄时，虽然快门速度自动选择，但完全不关注快门速度也是不行的。在拍摄时也要时刻注意快门速度的快慢是否能满足题材的表现，是否已经超出了应有的快门速度档位。所以在使用光圈优先自动模式时，应关注自动选择的快门值，对最终的成像有着重要的作用。如果快门速度不适合拍摄，可以通过重新选择光圈系数的办法使快门速度相应变化。

速度优先自动曝光模式 S（Tv）

速度优先自动曝光模式，在数码相机上用 S 或 Tv 表示。速度优先模式是拍摄者设置拍摄时的快门速度，由相机根据感光度、已选定的快门速度和测得的景物亮度等信息，自动选择准确曝光所需要的光圈值。

尼康 D80 模式转盘上的速度优先自动曝光模式

这种模式非常适合动体的拍摄。较快的快门速度，可让我们抓拍移动中被拍摄体瞬间的静态影像，较慢的快门速度则会营造流动的效果。即速度优先模式非常适合拍摄竞技场面或快速移动的被拍摄体，强力表现运动效果。

在拍摄快速移动的被拍摄体时，通常把快门速度设置为 1/500s 左右。例如，如果拍摄被拍摄体的最佳速度是 1/500s，而同时光圈开到最大也只是 F/5.6，这时画面很显然会曝光不足，难以拍摄出好的画面；如果进行户外拍摄时白天的光线充足，即使是把快门速度提高到 1/500s，光圈值也不会再降低，不需要开很大的光圈，因为光线充裕。但是，如果在阴天、雨天进行户外拍摄、室内摄影以及夜景拍摄时，光线不足，

画面中使用高速快门 1/500s，凝固了运动员跳起抢球的动作

画面中使用 1/250s 的快门速度来抓拍儿童的动作，但由于光线不足，光圈值也已经开到最大，所以导致画面曝光不足

当我们把快门速度提高到 1/500s 时，就需要开放很大的光圈值，因为只有这样才能拍摄出好照片。

我们也可以利用很慢的慢速快门，使被拍摄体模糊，这种模糊能够体现出很强烈的速度感以及运动场面的激烈感。慢速快门营造出流动感的效果，对拍摄体育运动有着非常强烈的表现力。

使用慢速快门拍摄，可以营造出运动的速度感以及运动场面的激烈感

小技巧

在使用速度优先自动曝光模式时，半按快门测光后，数码相机就会在取景器或LCD显示屏上自动显示出合适的光圈数。如果对光圈有其他的要求，或是超出应有的光圈值时，相机会发出警告，可以通过重新选择快门速度的办法调整光圈大小。

3.2 场景模式的选择

除了以上几种程序曝光模式外，数码相机上往往还设有一些更为人性化、个性化的程序曝光模式。现在，大多数相机都配备了场景模式。常见的有：人像模式、风景模式、夜景模式、运动模式、微距模式等，有些相机还有其他更多的个性化场景模式。这些富有个性化、人性化的自动曝光模式，为拍摄带来了便利。

⊙ 运动模式

使用运动模式拍摄的目的大家可想而知，就是要“凝固”运动着的物体。这时数码相机会尽量提高快门速度，有时甚至会增加感光元件的感光度来提高快门速度。

使用相机的运动模式拍摄，高速快门的运用，凝固了从高处落下的滑雪运动员

3.3 数码相机的曝光模式

数码相机具有曝光补偿功能，该功能可以让拍摄者对数码相机自动确定的曝光量进行人为的修正，得到正确的曝光。目前很多的数码相机都具备曝光补偿功能。

数码相机虽然能提供自动曝光的功能，但大自然气象万千，在不同的天气、不同的光照条件下，拍摄主体各不相同，使得数码相机的测光很容易产生偏差，这就需要进行一定程度的曝光补偿。曝光补偿就是要补偿曝光的偏差。

尼康D80的曝光补偿按钮

按住曝光补偿按钮，拨动主指令拨盘，在机顶显示屏上显示曝光补偿数值

⊙ 曝光补偿的设置

不同的数码相机进行曝光补偿的操作各不相同。大多数的数码相机都利用专门的曝光补偿按钮来选择，通常是标有“+”“-”的按钮，通过这个按钮来增加或减少曝光量。曝光补偿的单位是EV，数码相机用+2EV、+1EV、0EV、-1EV、-2EV等来表示曝光补偿量。“+”代表正补偿，表示现有的曝光量基础上增加，也就是使画面变亮；“-”代表负补偿，表示在现有的曝光量基础上减少，也就是使画面变暗。一般曝光补偿的补偿范围是在+2EV到-2EV之间。

曝光补偿范围

+2.0	+1.7	+1.0	+0.3	0	-0.3	-1.0	-1.7	-2.0

曝光补偿 -2.0

曝光补偿 -1.0

曝光补偿 +0.1

曝光补偿 +2.0

选择正补偿还是负补偿，应该用多少的补偿量，要根据实际的拍摄环境而定。如果拍摄对象是大面积的浅色景物，就需要增加曝光量（正补偿）；如果拍摄对象是大面积的深色物体，就需要减少曝光量（负补偿）。数码相机有即拍即现的功能，大家可以多利用它来检查曝光量是否合适，必要时可以用不同的曝光补偿多拍摄几张，从中选择最佳的。

在光线不好掌握的情况下，想让照片曝光适度，使用包围式曝光是最有效的办法。数码相机为我们提供了很大的方便，摄影者可以自动设置拍摄张数，自动设置曝光增量。包围式曝光法就是根据相机所测得的数据进行包围式曝光，我们只要调出该模式，按下快门，相机就会以测得数据为基准，-0.7、-0.3、0、+0.3、+0.7 各拍摄一张。让相机在当前景象下有不同的曝光，拍摄出深浅不同的多种照片，其中会有一张是曝光适度的。通过使用相机参考曝光值，拍出曝光稍微不足的照片和曝光稍微过度的照片，这样就获得了原曝光的两个极端曝光值，极大地增加了获取适当曝光的机会。

包围式曝光 -0.7

包围式曝光 -0.3

包围式曝光 +0

包围式曝光 +0.3

3.5 如何利用相机直方图曝光

直方图是通过LCD上显示出来的波形参数来确定照片曝光精度的工具，我们可以利用直方图横轴和纵轴组合的柱状数据，判断拍摄的照片或者正在取景的照片曝光情况。

⊙ 直方图的功能

大多数数码相机内置的“直方图显示”功能可判断拍摄的照片曝光是否均匀。它可以显示一张照片中亮度的分布，观察直方图可以知道照片的曝光情况。如果在室外强光下拍摄，LCD 显示屏会受到阳光的影响，浏览图片的时候难以掌握照片是否正确曝光，这时可以通过查看直方图来进行判断。

曝光正常

直方图的横轴从左到右，代表照片中从暗部到亮部的像素数量。曝光恰到好处的直方图，亮度分布均匀。一幅较好的摄影作品明暗细节比较丰富，在柱状图上的表现就是从左到右都有分布，左端和右端都没有溢出，表示暗部和亮部都没有损失细节层次。直方图的竖轴就表示相应部分所占画面的面积，峰值越高说明该明暗值的像素数量越多。

曝光正常

曝光不足

曝光过度

曝光不足

曝光不足的照片，直方图左端溢出，具体表现为暗部死黑一片没有层次，整幅照片偏暗，亮度不足。直方图左边部分都很高，而右边很低，说明画面偏暗，应该增加曝光量（正补偿）。

曝光过度

曝光过度的照片，直方图右端溢出，具体表现为亮部亮白一片没有层次，整幅照片偏亮。直方图右边部分的都很高，而左边很低，说明画面偏亮，应该减少曝光量（负补偿）。另外，通过观看直方图还能判断照片的反差。

反差过低

反差过低的照片，所有影调都聚集在中间，两边没有直方显示，就是反差过低的体现。

反差过高

反差过高的照片，直方图表现为左右两端都产生溢出。这将给画面明暗两极都产生不可逆转的明暗细节损失。

反差大的照片

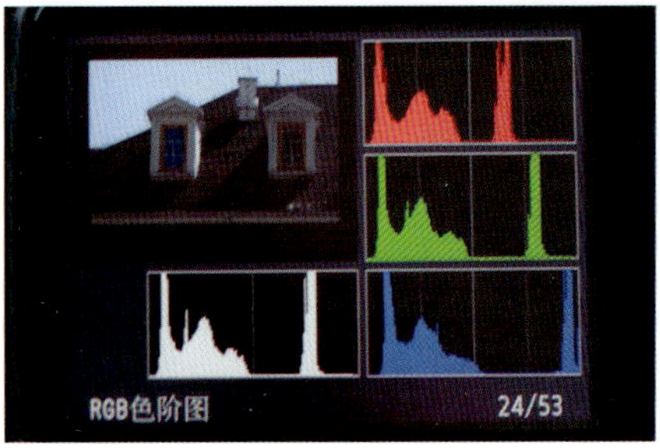

照片的直方图显示

反差小

当直方图中所有影调都聚集在中间，两边没有直方显示时，这张照片很可能会反差过小，细节难以被肉眼识别，这幅照片就是反差小的表现。

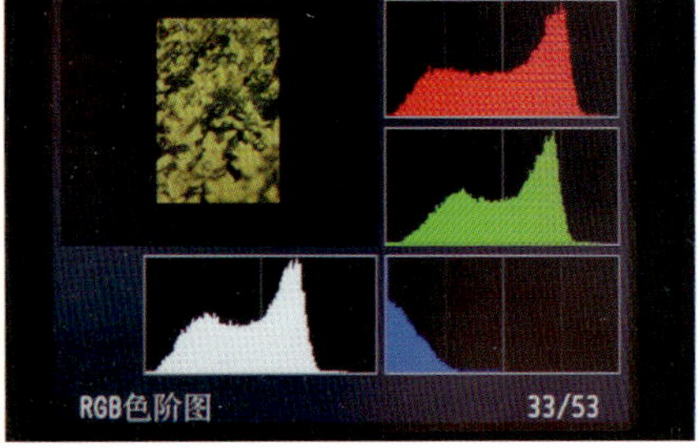

照片的直方图显示

反差小的照片

Part 04

与曝光相关的摄影器材

曝光不准确的照片，不仅观者不喜欢，也会完全背离拍摄者的意图。此时你也无法还原对象真实的颜色。在拍摄照片时，需要确定更加准确的曝光值，因此需要使用相应的辅助器材。为了使读者能够得到正确的曝光值，下面简单介绍一下与曝光相关的摄影器材。

4.1 测光表

测光表用来测定射入被拍摄体的入射光亮度和从被拍摄体反射出的反射光亮度，是选定适当曝光量的工具。测光表大体上分为两种，分别为反射式测光表和入射式测光表。

反射式测光表在测定从被拍摄体反射过来的光线亮度后，确定曝光量。相机内置的测光表都属于反射式测光表。多数数码相机都配备了内置测光表，可以自动确定适当的曝光量。在日常生活中，选择光圈优先自动曝光模式，可以拍摄出曝光效果较好的照片。然而，若想获得非常准确的曝光效果，不能只依赖于相机的测光表。拍摄被拍摄主体和背景的明暗对比较为强烈的对象时，更不能简单地依赖于内置测光表。

入射与反射式一体的测光表

如下面的照片所示，假设两个人都处于亮度相同的照明下，一个人穿着白色衣服，另一个人则穿着灰色衣服。此时，无论是白色衣服还是灰色衣服，入射的光强都是一样的。但是，白色反射出大部分入射的光线，灰色则反射少量入射光，因此肉眼看起来，具有白色和黑色之分。利用相机拍照的过程中，因为两种颜色反射的光强不同，进入测光表的光强也发生相应的改变。

身穿白色衣服

身穿灰色衣服

小技巧

反射式测光表，即镜头对准被拍摄体后，被拍摄体反射出来的光线，经过相机镜头测出曝光量。

入射式测光表是从被拍摄体指向照明光源进行测光后，确定曝光量的工具。该测光表测得的是入射光线。只要将测光表放在被拍摄物体前面，并将表的半透明半球体对着相机的镜头，便可根据指示曝光。若不能放在被拍摄物体的前面，就放在投射到的光量与被拍摄物体基本相同的位置。此时，没有必要考虑被拍摄体的反射率，选好光圈值后，从测光表获得合理的快门速度，然后手动设定快门速度，这样就可以获得基本正确的曝光。

利用入射式测光表测量投射到被拍摄体上的光量后，将相机调整到手动模式，并输入该数值，然后拍摄照片。这样可以拍摄出被拍摄物体的固有颜色，即真正的黑色和白色。拍摄者若想进一步调整曝光效果，可以改变快门速度或光圈值（自动模式不支持曝光补偿功能，只有手动模式才能够启动曝光补偿功能）。在手动模式下，有意识地增减曝光量时，调整快门速度，这是最方便、最有效的方法。

入射式测光表测量直接投射到被拍摄体上的光量，可以得到与反射式测光表测量灰度卡时相同的曝光量。入射式测光表是在白色的塑胶半球体底下配置了反射式测光表后形成的，而这个白色半球体起着灰度卡的作用。白透明塑胶可以透过中灰色的光线，即相当于其内部安装了灰度卡，因此测光量相同。

入射式测光表使用操作示意图

4.2 如何使用灰度卡

摄影初学者听到18%反射率时可能不明白是怎么回事，要想理解这一概念就要知道灰卡。大多数相机店都会卖有灰卡，在你拍摄高亮度对象或黑色对象，例如白色的雪、黑色的物体时，灰卡就派上用场了。这时你不要把相机对准被拍摄对象，只要把灰卡放到镜头前面，确保照射在灰卡上的光与照射在被拍摄物体上的光一样。这时你测量从灰卡上反射出来的光就可以了。

灰卡

灰度卡的使用方法：

1.灰度卡拿到被拍摄物体前，占据全部的取景范围。然后，再把灰度卡跳到光照方位与被拍摄物完全相同的位置。

若拍摄花朵时，可把灰度卡对着花朵方向，要让光线均匀摄入卡面，防止产生阴影或太阳的光斑。拍摄灰度卡之前，应把测光模式设定为点测光或局部测光。若使灰度卡充满整个画面，或者相机没有点测光功能，那就要使用平均测光模式。

室内拍摄时一定要让灰卡占据整个画面

室外拍摄使用示意图

2.很难在自动对焦（AF）模式下进行手动对焦，最好把镜头的对焦方式调到手动对焦（MF）的位置上。

MF/AF 切换

3.先拍摄灰度卡，然后选择相机的自定义白平衡。

使用相机的 M 档拍摄灰卡

4.在拍摄的图像中选择灰度卡，并设定为白色。

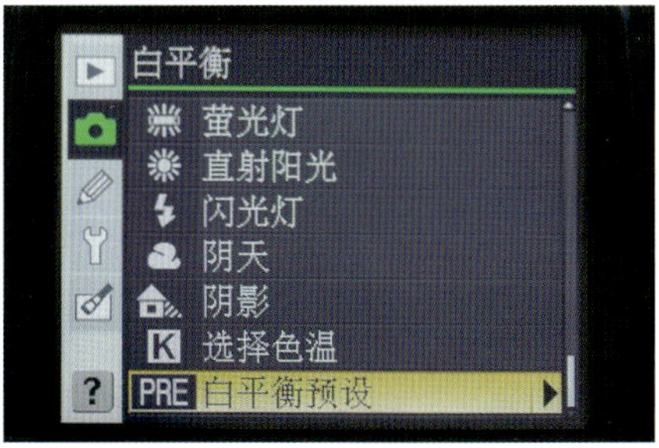

进入白平衡预设

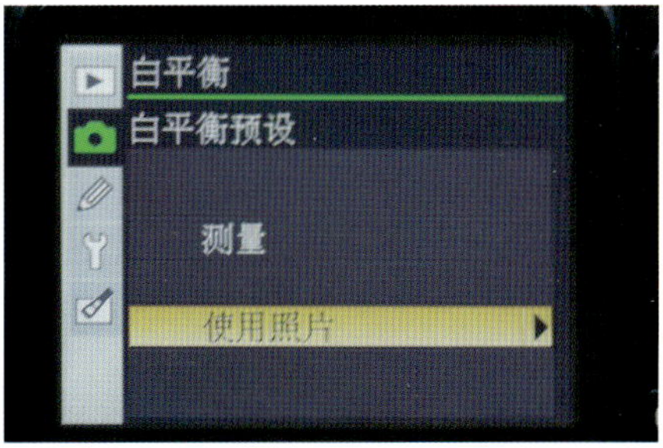

接着进入使用照片设置

5.最后，在相机的提示窗口中，选定自定义白平衡并保存起来。这样就结束了设定白平衡的所有操作。

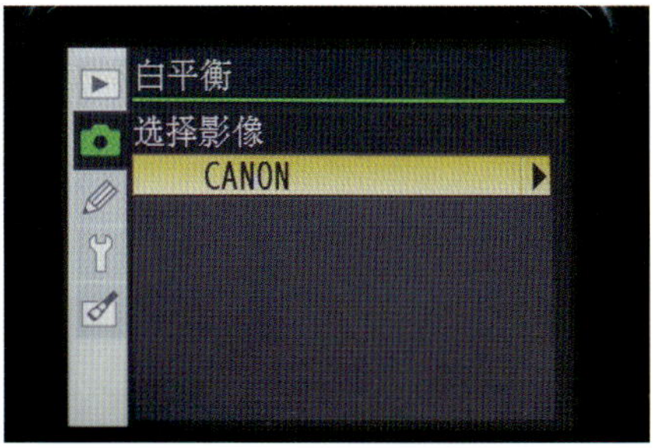

选择影像进入CANON

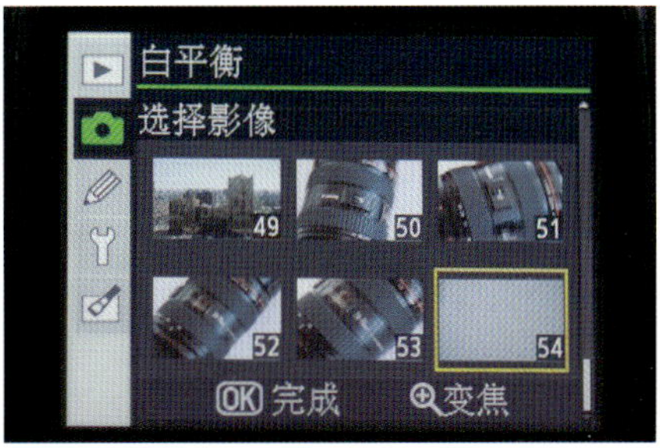

选择刚才拍摄的灰板照片，然后点击OK完成

第一张光圈 F/8 快门速度 1/30s

第二张光圈 F/8 快门速度 1/15s

把相机固定在三脚架上，将光圈设为 F/8，把快门速度调节到 1/30s 时，取景器中数值显示曝光正常。从上图可以看出，相机内部系统测出的曝光值将所有的白色测成了灰色。尽管白色物体要反射 36% 的光，但相机内部的测光系统却把它看成只反射 18% 的灰色。所以在拍摄雪景时，造成图像曝光不足。当我们把灰卡放到照相机前时，相机会显示正确曝光的快门速度是 1/15s。当我们放下灰卡时，相机的曝光数值立马会回到 1/30s。这时我们只要选择 1/15s 的曝光就可以了。从画面中可以看出第二张用 1/15s 拍摄的照片曝光是正确的。

4.3 ND 滤光镜和偏振滤光镜的效果

ND 滤光镜，可以降低由被拍摄体反射后进入相机镜头的光量。ND 滤光镜包括 ND4、ND8、ND64 及 ND400 等多种类型，后面的数字决定了减光量。对于 ND4 来说，把减光量减至 1/4,ND8 则减至 1/8。

ND 滤光镜呈现缩小光圈或减慢快门速度的效果，即亮光照射下故意拖慢快门速度，或部分对焦等。有意减少入射光量的时候可以使用 ND 滤光镜。使用 ND 滤光镜时，即使环境非常亮，也可以开大光圈，因此有利于浅化被拍摄体景深，模糊处理前景或背景，突出被拍摄主体。

ND 滤光镜

下面两幅照片拍摄了相同的对象。左图与右图相比，拖慢了快门速度，表现了旗帜飘扬的效果。

使用了 ND 滤光镜

未使用 ND 滤光镜

使用滤光镜后，有意减少进光量，天空显得更加蔚蓝

目前市场上有众多的滤光镜，而每个摄影师都应该拥有偏振滤光镜。偏振滤光镜的主要用途是减少物体表面的反射光，诸如玻璃、金属、水面等。晴天拍照时，当太阳与你成90度角时，偏振滤光镜最有用。因此，光线侧面照射时通常最适合使用偏振滤光镜。当你和太阳成90度角的时候，偏振值最大。要是太阳在你的正后方或者正前方，那么偏振滤光镜对于你来说毫无用处。

为什么会这样呢？因为光波向各个方向运动，向上、向下、向一侧，以及各个角度，最炫目的光来自垂直方向。而且，当太阳跟你成90度角的时候，这种炫目的光最强。偏振滤光镜就是用来除去这种垂直眩光，并把它挡在镜头之外，只允许由水平光线产生的那种更舒适、更饱和的色彩记录在数字储存卡上。

侧面光照非常适合使用偏振滤光镜，能很有效地减少眩光

记住，如果你移动一下位置，使你与太阳的角度保持在30度或者45度，那么滤光镜的偏振效果只能看到1/2或1/3，所以只有1/2或1/3的蓝天色彩比其他部分更饱和。也许你早就在你的风景照里看到过这种效果。尽管在你采用正面光或者逆光拍摄时，拍摄对象周围仍有垂直光线，但是此时不需要使用偏振滤光镜，因为太阳与你的角度再不是90度了。

那么偏振滤光镜是否仅限于晴天才能使用呢？当然不是，事实上，在阴天或者雨天时，垂直光线与晴天时差不多。在下雨的街道上、潮湿的植物上、水面上和水中，所有侧垂直光线都会投射阴暗的反射光。偏振滤光镜可以为你除去所有这些阴暗的眩光。

使用了偏振滤光镜的效果。当太阳处在头顶时，太阳光与相机成90度角，这时非常适合使用偏振滤光镜。它可除去眩光，且让天空和物体的色彩更加饱和

未使用偏振镜的画面效果

对于有经验的摄影师来说，一般都不会在晴天的中午拍照，因为那个时候阳光太刺眼。但如果你必须在这个时候拍照，偏振滤光镜会给你帮点忙。因为这时候太阳就在头顶上，无论你面向北方、南方、东方还是西方，它都跟你成90度角。

如果你在早晨或者傍晚前的光线中拍摄，那么当你每一次面向北方或者南方拍照时，你都应想到使用偏振滤光镜。在这种情况下，你与太阳的角度是90度，而当你旋转镜头上的偏振滤光镜时，你可以清楚地看见所发生的变化：蓝色的天空和蓬松的白云会突然“跳”到你跟前，而且颜色更深，对比度更大。

4.4 三脚架的重要性

什么时候要使用三脚架？当我们想拍摄出高清晰的效果或进行长时间曝光，以及想在场景中表达动态效果时，我们就会使用三脚架。

下列特性是任何三脚架都不可或缺的。首先是云台。这是三脚架中最为重要的一个部分，因为它支撑整个照相机和镜头的大部分重量。从各种各样的云台中选择时，一定要把你最重的相机和镜头组合装在云台上做一次测试。在固定好相机和镜头之后，检查一下，看它们是否下坠。如果下坠或下垂，那么你要选一个更坚固的云台。接着要看是否只要转一下把手，云台就能从水平方向转到垂直方向。还要检查你是否能在水平和垂直之间的各个角度上锁定云台。最后要看看是否能够快速释放云台。对于有些三脚架，你要通过一个装置将照相机和镜头直接固定在云台上。相反，快速释放装置是一个可以装在相机上的金属或塑料板，你只需通过一个简单的锁紧装置就可以把照相机和金属或塑料板固定在云台上。当你想取下照相机和镜头时，只需弹开锁紧装置并从三脚架上取下照相机和镜头就可以了。

云台

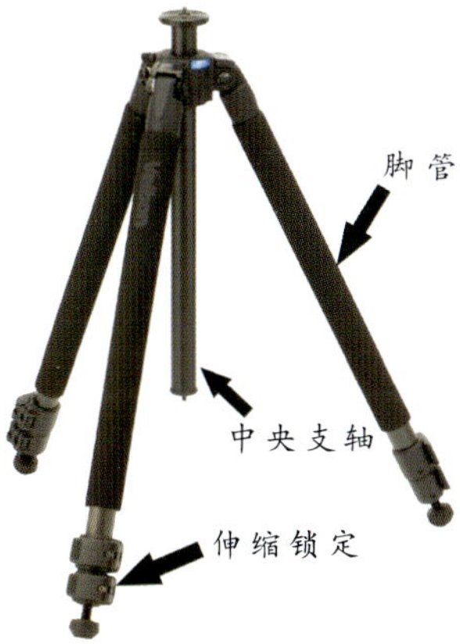

其次，是三脚架的稳固性。在购买任何一款三脚架之前，你都要把它的支柱尽量撑开。撑的越开，支架就越稳定。三脚架的每一条支柱都分为三段，由铝、金属和石墨制成。你可以把支柱放长或者缩短，然后通过硬塑料旋钮、金属夹或者一个螺纹金属管把它固定住。三脚架的全部高度也是选购时的一个重要方面。很显然，如果你身高一米八八，你肯定不愿意要一个最高只有一米五的三脚架，除非你一直弯着腰不觉得难受。所有的三脚架都设计了一个中央支柱来提供额外高度，有些中央支柱的伸长

通过一个摇动装置来实现，而有些则要手动拉长。记住，只有在非常必要的时候你才可以伸长三脚架的中央支柱，因为中央支柱伸得越高，抖动的风险也就越大。

最后，在用三脚架拍摄任何照片时，你都应该用照相机的自拍装置或者快门线来释放快门。

画面中使用三脚架拍摄，为了延长曝光时间把汽车的尾灯拍摄成彩色的线条，因此把光圈设置为F/16,使建筑物和背景尽可能的清晰，速度为8s。这样长时间的拍摄，还要拍摄出汽车尾灯的彩色线条，三脚架是必不可少的

Part 05

闪光灯曝光

闪光灯要么被有的摄影师过于滥用，要么干脆被忽略。恰当使用闪光灯能使一张昏暗的照片得到正确的曝光，恰当地使用闪光灯可以很好消除阴影，将一张正午拍摄的糟糕的照片变得赏心悦目。

在这一章节里我们就来讲述使用内置闪光灯和外置闪光灯的拍摄技巧。

5.1 内置闪光灯曝光

多变的自然光线下，很多情况要借助外部的光源进行正确的曝光，其中最为常用的就是闪光灯，闪光灯分内置闪光灯和外置闪光灯两种，在一般拍摄环境中，闪光灯的主要作用是为场景进行补光，获得正确的曝光。

几乎所有的数码相机都配备了内置闪光灯

大多数数码相机机身上都配备了闪光灯，即内置闪光灯，同时也具备丰富的“闪光模式”，诸如，自动闪光（在低照度和逆光条件下自动闪光）、去红眼闪光功能、强制闪光（所有拍摄都闪光）、强制不闪光（所有拍摄不闪光），甚至“慢速闪光（SLOW）”功能等等。内置闪光灯可以为较暗的前景拍摄对象提供辅助照明，或将比较近的拍摄对象照亮，一般有效的闪光范围在0.5米到4米之间。

使用内置闪光灯距离1米进行拍摄效果

使用内置闪光灯距离2米进行拍摄效果

使用内置闪光灯距离 3 米进行拍摄效果

使用内置闪光灯距离 4 米进行拍摄效果

小技巧

在使用数码相机进行闪光拍摄时，首先要注意手指不要挡住数码相机的光线传感器口，也不能挡住闪光灯本身，其次要注意数码相机内置闪光灯的指数都比较小，拍摄时要注意将拍摄距离控制在有效范围内。

自动闪光

当我们把模式转盘拨至 AUTO 模式上时，在光线比较暗淡的情况下，相机会自动开启内置闪光灯

一般数码相机在拍摄时根据测光数据，自动判断拍摄场景的光线是否充足，如果不足会自动启动闪光灯，这也是一般数码相机默认的闪光模式。很多数码相机的AUTO档，当周围环境较暗时，数码相机会进入自动闪光模式。

下图是在环境昏暗的室内，数码相机为弥补自然光的不足，自动启动闪光灯拍摄的光线均匀的图像。

在外拍场景中，如处于阴天且逆光状态下，人物脸部光线比较暗的时候，使用闪光灯对人像补光，可使脸部得到均匀的光线。

在室内环境比较暗的情况下，使用相机的AUTO模式，相机会自动开启闪光灯对人像补光得到光线均匀的图像

在户外光线比较暗的情况下，相机也会自动开启闪光灯补光，可使脸部得到充足的光线，使画面得到正确的曝光

⊙ 强制闪光

强制闪光模式是在拍摄时不管环境光线条件如何，拍摄者都启动闪光灯进行闪光的一种闪光模式。

在相机的P模式、光圈优先、快门优先、M模式下，在昏暗的光线下拍摄时，都需要我们对相机进行强制闪光，按动启动闪光灯按钮，启动闪光灯。

一般我们使用强制闪光都是在环境光线反差很大的场景中拍摄。例如在强光下拍摄冰雪或逆光下拍摄人像，无论是针对亮部

数码相机的闪光灯按钮，按一下启动闪光灯

逆光下拍摄人像时，使用强制闪光灯模式，对人物的脸部进行补光

曝光还是针对暗部曝光，都会丢失画面的细节。在这种情况下，根据拍摄者的拍摄目的，强制启动闪光灯对被拍摄主体暗部适当补光，画面反差会大大减弱，照片的细节还原会很清晰。

第一张

第二张

第一张图片由于室内光线比较昏暗，没有使用闪光灯，人物一片漆黑，细节层次完全丢失，画面曝光不足。第二张图片中，摄影者开启闪光灯，人物脸部得到充分的光线，平衡人物与背景的光线，照片的细节更加清晰

⊙ 防红眼闪光

防红眼闪光模式也叫预闪闪光模式，是在拍摄人物或动物，环境昏暗或距离被拍摄体较近时，利用闪光灯在拍摄之前先快速闪烁一次或数次，让被拍摄体人物或动物的瞳孔缩小之后，再进行主要的闪光拍摄。

在使用闪光灯拍摄人像时，只有人眼正对着闪光灯时，才有机会出现红眼。因此在开启闪光灯时，要么开启防红眼模式，要么就让人物的脸侧些，不要直视闪光灯。

例如下图，是在环境昏暗或距离被拍摄体较近时，使用防红眼模式拍摄的人物照片。

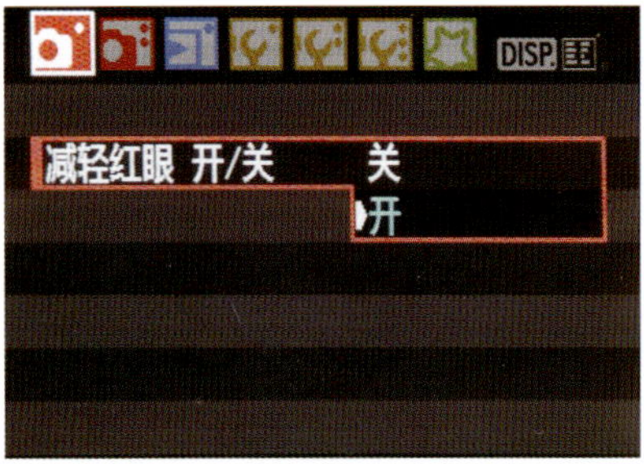

开启相机内部防红眼模式

距离拍摄人物较近，人物主体出现红眼

开启了防红眼模式，消除了人物主体的红眼

⊙ 慢速快门闪光

慢速快门闪光模式是闪光灯照亮主体的同时，利用较长的快门时间，使背景的曝光充分。

使用慢速快门闪光，非常适合在夜晚绚丽的霓虹灯下拍摄人物。

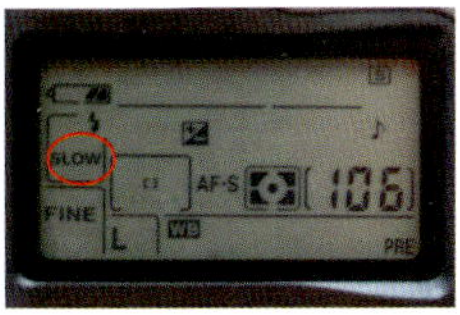

慢速快门闪光设置

画面使用慢速快门闪光模式拍摄，人物和背景都得到充分的曝光

镜头焦距：50mm　　**光圈**：F/4.5　　**速度**：1/30s

模式：光圈优先　　**三脚架**：使用　　**感光度**：ISO400

摄影说明：

使用慢速快门闪光模式，在夜晚霓虹灯下拍摄的人像，闪光灯照亮主体的同时，用较慢的快门速度，可以使人物和背景都得到充分的曝光

小技巧

由于使用慢速闪光功能，多数情况下快门速度远远慢于拍摄者能够手持稳定的速度范围（一般初学者能够手持稳定的速度为1/60s），导致拍出的照片模糊不清。所以，建议大家使用三脚架支撑数码相机，以保持稳定。使用闪光灯辅助拍摄时，注意拍摄距离应该处于闪光灯的有效覆盖范围之内。

⊙ 闪光灯关闭

闪光灯关闭模式也称强制不闪光模式。即不管环境光线条件如何，在拍摄时都不进行闪光。

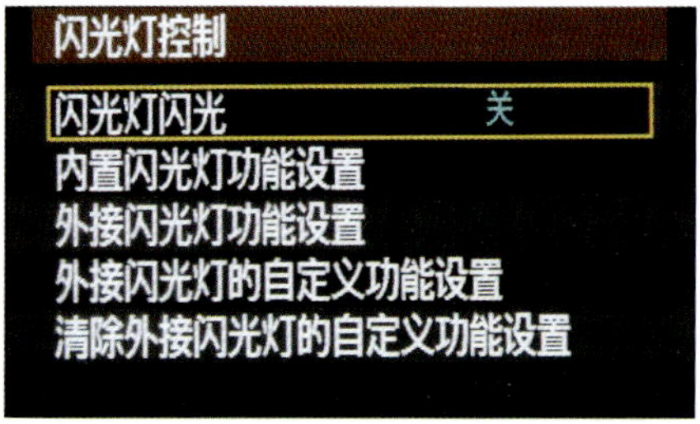

闪光灯关闭模式

这种模式一般用在禁止使用闪光灯的场所。例如，博物馆、风景名胜景点，或是夜景拍摄中利用现场光线，造就特殊气氛和效果时，会采用闪光灯关闭模式强制闪光灯不工作。

例如下面的图片，是在昏暗的室内使用强制不闪光模式拍摄的，数码相机通常会自动选择较慢的快门速度，但要特别注意数码相机的稳定，在有条件时可以使用三脚架来避免画面模糊。

在室内为了体现现场气氛，选择把闪光灯关闭，体现现场的灯光效果

5.2 使用外置闪光灯曝光

大家都知道在光线暗的时候需要用闪光灯，所以内置闪光灯、外置闪光灯我们都经常使用。对于很多人来说，对闪光灯的使用和认识还仅仅停留在内置闪光灯的使用上，因为它操作简单、方便。但是经常使用内置闪光灯的朋友会知道，使用它拍摄的效果并不好，很难得到主体与背景受光均匀的照片。那么我们还是要依靠强大的外置闪光灯，外置闪光灯功能比较强大，技巧比较讲究，因此对于入门级摄影爱好者来说，拥有一只闪光灯，掌握一些基本的闪光技巧可以使一些照片在无法获得较多光线的时候得到充足的曝光。

⊙ 闪光灯种类和术语

通常把外置闪光灯称作频闪灯（STROBO）。STROBO是第一个推出闪光灯的公司名称，他们以STROBO命名该产品，完整、准确的名称是电子闪光灯。闪光灯是利用人工照明的摄影中必备的装备，多用于拍摄人像摄影。无论是功能还是应用范围，其用途都非常广泛，基本类型包括自动闪光灯、TTL闪光灯等。现在最常用的闪光灯是TTL闪光灯。

佳能 SPEED LIGHT 580EX II 自测光，由于内置了传感器，兼容性极强

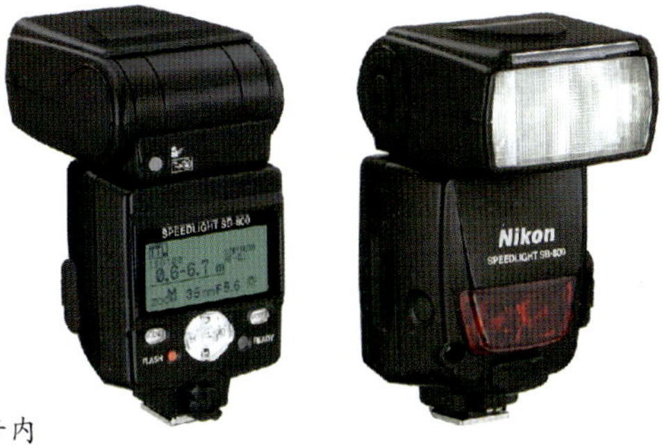

尼康SB800电子闪光灯

柔光罩

曝光指数：指在使用闪光灯进行拍摄时，为得到适当的曝光，可调节的闪光亮度等级，也称为 GN，其数值越大，闪光灯亮度也越高。光源到被拍摄体的距离除去 GN 值，就能得到光圈值。

GN 值（曝光指数）/M（拍摄距离）=F（光圈值）

闪光灯的光质接近太阳光线，其色温约为5500～6000K，不使用特殊的滤光镜，也能重现固有颜色。在晴天或阴天，阴暗处以及亮度差异较大的环境中，简单地调整光圈值和快门速度，就可以使用该装置。

⊙ 闪光灯适当曝光值是多少

闪光灯的亮度有局限性，利用数字标记了最大发光量，得到的值便是曝光指数。该值越大，表示该闪光量的最大发光量越大。

闪光曝光指数 / 拍摄距离 = 光圈值

假设闪光灯的曝光指数为 32，拍摄距离为 4 米，那么根据上述计算后就可得到光圈值 F/8。在室内或夜里拍摄人像时，由于多数拍摄者不理解闪光灯使用方法，只是进行大致估量后拍摄照片，这样拍摄出来的照片，曝光效果不好。

$\frac{GN32}{5m} \neq F/8$

$\frac{GN32}{4m} = F8$

光圈值计算公式的对比效果

上图的两幅图像表示，左图的光圈值计算结果应是 F/6.3 左右，光圈值设置为 F/8 后拍摄该照片。此时，虽然闪光灯发光了，但是仍然拍摄出了很暗的照片。右侧图片同时设定了相同的光圈值，但由于缩短了拍摄距离，拍摄出照片曝光正常的画面。

不管使用什么样的闪光灯，必须在光线能够投射到的距离内拍摄照片。有些闪光灯亮度很高，有些则亮度较低，因此在拍摄时我们要了解自己手中的闪光灯有什么特点，然后根据闪光灯的亮度指数，合理调整光圈值。

那么，是不是我们每次使用外置闪光灯拍照都要根据这个公式来计算光圈值呢？当我们使用手动（M）闪光灯模式，每一次拍摄都需要依当时情况，利用 GN 值 = 光圈 × 距离的公式作相关的调整。

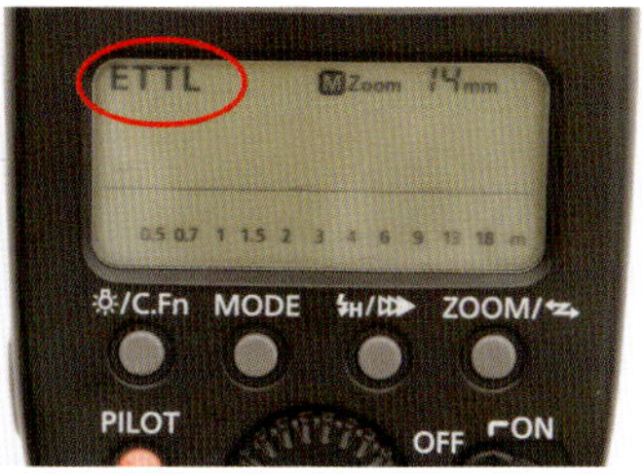

闪光灯 TTL 模式

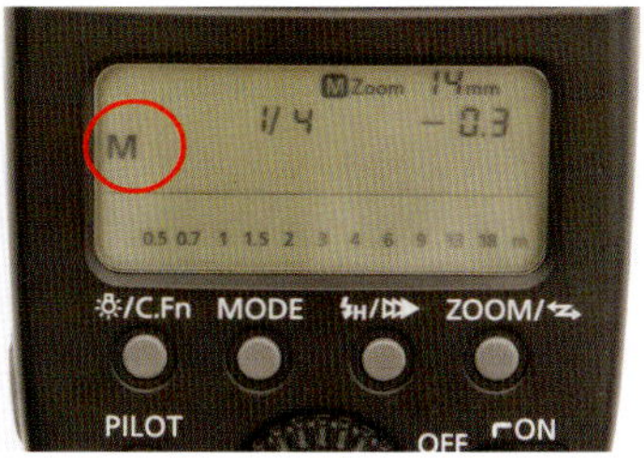

闪光灯 M 档模式

若使用支持 TTL 功能的自动闪光灯，可以简单、轻松地拍摄出照片。由被拍摄体反射的光线透过镜头后，相机内部的测光表直接测量该反射光的光量，这就是 TTL 自动闪光灯的原理。使用该类闪光灯后，只要设置了适当的光圈值，闪光灯就会自动投射适当的光亮。

小技巧

E-TTL：评价式 TTL 技术先进于 TTL 模式，每次半按快门，快门帘幕即将收起之间，预闪发光，从而测量返回镜头内部的反射光，综合考虑用户设定的光圈值、ISO 值、焦距等因素，预先确定适当的闪光光量，最后收起快门帘幕，使主闪光发光。

⊙ 前帘同步及后帘同步

快门帘幕是由前后幕构成，当我们按下快门时，前幕开始移动，然后根据指定的快门速度，关闭后幕。即帘幕移动一帧的时间便成为了快门帘幕的速度。前帘幕同步，是指前幕升起后闪光灯立即同步发光；后帘幕同步，是指前幕升起后等到后帘幕关闭之前闪光灯才发光。

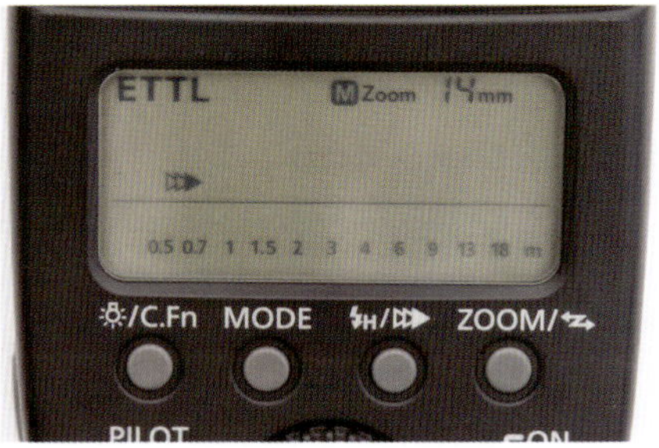

前后帘同步模式示意图

在较快的快门速度下，我们很难看出前后帘同步模式的不同，换而言之，就是拍摄后的结果几乎一样，所以若要看到明显的差异是有一些限制条件的，首先要使用较慢速的快门（快门速度越慢，效果越明显），而且拍摄内容还要选择在暗处移动且发光的主体，这样才能清楚地看到两者的差异。

下面我们就举例来分别说明：

前帘同步示意图

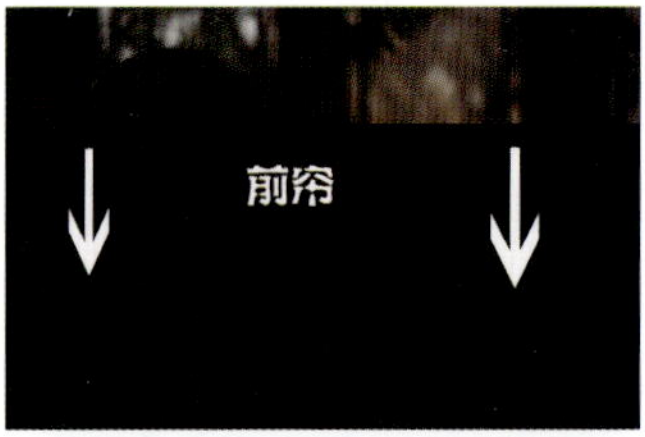

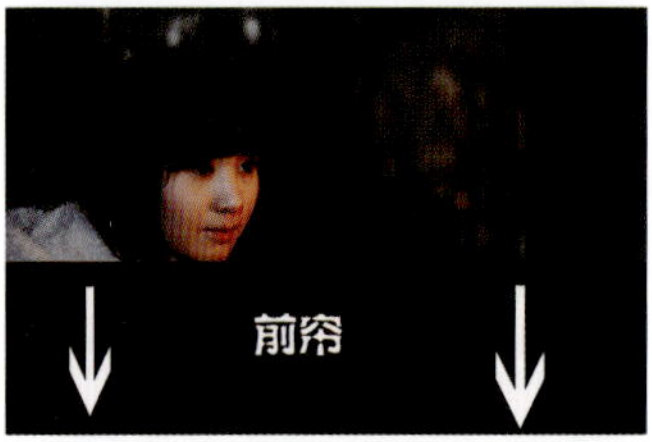

前帘全开时闪光灯进行闪光

后帘同步示意图

在后帘关闭之前进行闪光

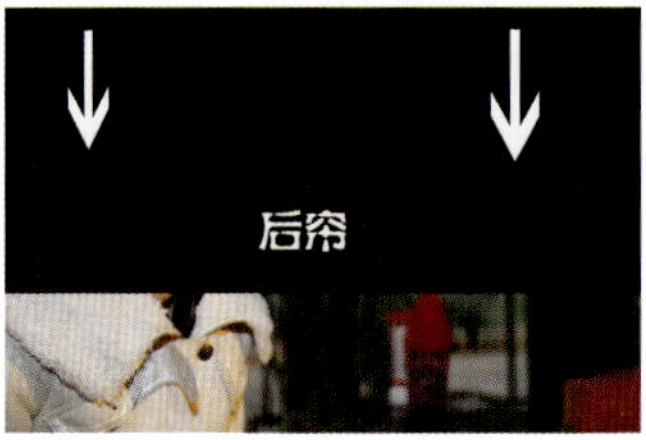

前帘同步
1.前帘同步模式下，拍摄往右移动并拿着手电筒的人物，此时按下快门，前帘完全打开，闪光灯立刻闪光并冻结了正在移动中的人物。
2.由于搭配较慢快门的原因，闪光灯闪光后快门帘并没有关闭上，感光元件仍然继续对移动中的人物感光，不过此时没有闪光灯的照明，并且人物在移动中，所以感光是极低的，几乎看不到往前走的迹象。此时只有移动中的手电筒，光影轨迹被感应，形成这幅人物在左，而手电筒的光影在人物的前方的画面。

后帘同步
1.后帘同步模式下，同样拍摄往右移动并拿着手电筒前进的人物，当按下快门，前帘打开，但是此时闪光灯并不闪光，因此只会拍摄下往前移动的手电筒轨迹，而不会出现移动中的人物。
2.当快门时间快结束时，后帘将要关闭前，闪光灯进行闪光动作，这时人物受到闪光灯的照明，出现在画面的右边，而手电筒移动的光影轨迹则在人物的后方。

相机的品牌及机种虽有一些差异，但基本上都有适合闪光同步的速度，这个速度约1/125s或1/250s，也有一些相机，也会在1/60s速度上同步闪光。同步速度超过最大值1/250s时，画面上将生成暗黑区域，同步速度低于最大值1/250s时，可以随意拍摄照片。但是，当快门速度低于1/100s时，还会受到外部光源亮度的影响，很可能拍摄出画面抖动的效果。因此，最好在闪光灯同步速度范围内拍摄照片。

1/60s 画面产生模糊

1/160s 在同步速度范围内，画面拍摄正常

1/320s 画面产生了暗区域

1/500s 画面产生了大面积暗区域

大部分数码相机都是自动把快门速度调整到同步闪光速度范围内。就算故意把快门速度设定为1/500s，相机仍会把快门速度调至同步速度范围内。例如，我们选择了手动模式或快门优先模式后，快门速度设定为1/500s，若没有配备外置闪光灯，半按快门启动内置闪光灯时就能发现，快门速度自动调到 1/250s 了。

若拍摄者不太熟悉闪光灯的使用方式，看到快门速度与自己设定的值不符，会怀疑相机是否出故障了。相反，这才说明相机的功能及运作都很稳定，所以拍摄者要首先熟悉掌握闪光灯的特点。

⊙ 闪光灯补光技巧

对于很多摄影者来说，闪光灯的使用还停留在灯头直射被拍摄体的基础上，下面针对闪光灯使用不熟悉的入门爱好者一起分享一下闪光灯的一些其他玩法。

在光线不足的情况下为了获得好照片，我们必须为拍摄对象补光，在没有可以借用的光源时，闪光灯就成了最好的选择。有经验的拍摄者一般会把闪光灯打到浅色的表面，如墙壁、天花板上，利用其反射闪光为拍摄对象补光，通过这种方式获得散射光，用在人像拍摄中，散射光效果可以生动地表现出人的立体感、质感和空间感。

直射式是很多影友刚开始使用闪光灯的常用方式，将灯头朝前，让闪光直接照射到被摄主体上。这种方式对新手来说最容易操作和掌握，一般情况下都能获得准确的曝光。由于直接将闪光打到人物或物体上，灯光效果比较生硬，拍摄出来的人物轮廓也不够突出。如果物体本身是浅色或平滑的，或者人物脸上有油时，用直接闪光拍摄也可能出现严重的反光，影响图片的美感。当主体和背景距离不远时，很容易在背景上形成强烈的黑影，使得背景较暗，从而影响整个画面。直接闪光也很容易造成红眼效果。

直射光线拍摄效果及灯位图

闪光灯直射使人物产生浓重的阴影，画面不美观

向上反射式

闪光灯的灯头可以上下左右转动，这时我们可以借助于环境中的其他物体作为反射面，利用反射光打到主体上进行拍摄的方式，也就是通常我们所说的“跳灯”技巧。将灯头向上，让闪光打到天花板上再反射到主体上。这种反射式闪光避免了直射闪光，使得画面很平板且有大片阴影

灯头朝向天花板拍摄效果及示意图

闪光灯头朝向天花板拍摄照片效果

使用TTL闪光模式，将灯头45度侧向朝向天花板拍摄效果，人物脸部光线均匀，在较弱的光线下得到充分曝光

的缺点，且反射式闪光在人物主体的下巴和鼻翼下投下一定的阴影，更加具有立体感。我们在使用向上反射时可以根据灯头向上的不同角度打出不同的光影效果。这种灯头反射式的效果还取决于天花板的高度，高度越高，反光越弱。如果房屋的房顶过于高的话，我们可以用一个反光板放置于头顶来进行反光。

45度向上反光示意图

小技巧

使用闪光灯时，可以调节灯头方向和灯头的角度，注意利用反射定律，即入射角等于出射角，大约估算出反射光线的落光位置，使光线通过反射后能够正好落在拍摄对象上。

在选择反射面时一般要选择浅色，最好是白色，因为闪光灯发出的是冷光源，浅色中的白色可以对光源不加修改地反射，其他颜色的反射面会改变色温，易造成白平衡误差，而深色表面会吸掉大量的光，不利于反射补光。建议使用白色塑料泡沫作为活动的反光板，补光时具有柔光效果，实际使用效果很好。

侧射反光式

我们在室内光线比较弱的环境中拍摄时，使用闪光灯很容易让被拍摄主体失去立体感。这时我们可以将闪光灯的灯头朝向一侧的墙壁，使用侧射反光式。拍摄时将灯头左右转动，对着旁边的反射面，如白色的墙壁，这时反射的光线就会从侧面反射到主体人物的脸上，光线会从一边过渡到另一边，使得人物主体的脸部不会太平，具有很强的立体效果。

在拍摄时，可以根据情况和需要将灯头左右转动，上下调节其角度，多拍摄几张，寻求最佳的光照效果，得到均匀的曝光。

测式效果及示意图

侧向闪光灯拍摄照片效果

背向反射式

在拍摄时，如果拍摄的空间很小，或者身后不远处有反射面，可以把闪灯灯头向后转动180度，令闪光射向背面的墙，反射后再散射，令光线变得均衡。

这种方式有漫反射效果，能够让光线分布均匀，因此主体和背景都可以获得较均衡的光照，拍摄效果比较自然。但是适用范围比较小，适合家居拍摄时补光用。

向后闪光拍摄效果及示意图

闪光灯灯头背向，射向拍摄者背部的天花板拍摄到的照片效果

⊙ 闪光灯实战摄影

下面我们来看看闪光灯在各种不同的题材拍摄时的使用技巧和拍摄效果。

夜景广角

也许你会使用相机的内置闪光灯拍摄下面这样的图片，但内置闪光灯的功率有限，特别是使用广角镜头在夜晚拍摄时，画面很容易出现暗角。使用外置闪光灯，例如适马闪光灯，可覆盖28mm广角的闪光就可以解决这个问题，如果拉出闪光灯内的散光片，还可以达到17mm广角。因此，使用广角镜头进行摄影时，外置闪光灯的效果非常好。

下面这幅图片中，在夜景拍摄时使用广角镜头进行拍摄，而且还采用了慢门同步，在行驶的汽车里使用了较长时间的快门让街边的车灯和路灯留下了光的轨迹，使前景主体汽车和背景都达到很好的亮度。

使用闪光灯TTL自动模式，使用相机的慢门同步，拍摄出曝光效果非常好的照片

镜头焦距：28mm　**光圈**：F/4　**速度**：4s　**闪光灯**：使用

闪光模式：慢门同步　**感光度**：ISO200

小技巧

使用手动模式设定闪光灯，要考虑很多因素才能计算出正确的闪光强度。所以建议大家使用自动闪光模式拍摄。具备TTL闪光的闪灯，用时可以直接在相机上调节闪光强度。

阴天微距拍摄

阴雨天很难得到光影效果好的照片，就算是花花草草也会因为没有阳光而显得很平淡。只要你有一只闪光灯，就能人为的营造出非常好的光影效果，拍摄出生动的微距作品。

例如，下面的图片中，阴天状态下，拍摄出来的花朵显得非常平淡无味、毫无生气。拍摄者使用了外置闪光灯加装上柔光罩后拍摄，使用柔光罩是为了避免强烈且集中的光线使画面产生很难看的阴影。使用外置闪光灯从侧逆面进行补光，使用内置闪光灯引闪，这样我们就人为地为花朵打上了侧光，外置闪光灯的使用使得我们轻轻松松的得到适当的亮度。从下面的图片中可以看出进行补光后的花有了更强的立体感。

未使用闪光灯的效果

使用闪光灯的效果

小技巧

使用吹气球来清除灯体上的污垢及尘埃，然后用柔软、洁净的布来擦拭。很少情况下，闪光灯的LCD屏会因静电影响而开启或转黑，但这不是故障，显示会很快恢复正常。闪光灯需要存放于阴凉、干燥的地方，以防止因较高湿度引起故障及结露、发霉。同时，闪光灯应远离化学物品，避免受电视机或收音机磁场的干扰。远离高温的地方。若准备两周以上不使用，应先将电池取出，以免电池漏液而导致故障。应每月把闪光灯取出，放入电池并让它闪光数次，使电容保持状态。如使用干燥剂，要定期更换。

使用闪光灯消除图像阴影

在室外光线条件下，很多摄影者在拍摄景物时都会因为景物上出现的阴影而烦恼。比如拍摄树荫下的人像，树顶上漏下来的阳光使得人物的脸部出现斑斑驳驳的阴影，非常影响主体的美观。

在这种情况下可以使用闪光灯很好地消除这种阴影，从下面的图片中可以看出，闪光灯的使用已经将这些阴影完全剔除，还给我们一张干净、美丽的面孔。

未使用闪光灯，脸上有阴影

使用闪光灯，消除脸上阴影，得到一张面部非常干净的照片

小技巧

手动外置闪光灯专用无线同步器

自动闪光灯不适合用于拍摄弱光源和远距离对象，因此拍摄者可以在使用闪光灯的摄影中用到无线同步器。这样的器材不仅有利于表现多种照明效果，更有利于拍摄远距离的对象。

无线同步器

⊙ 闪光灯实例图像解析

画面中使用外置闪光灯对人物的脸部补光，分离了人与背景，使背景与人物的曝光达到均衡

镜头：50mm　　**光圈**：F/2.8

速度：1/200s　　**感光度**：ISO100

测光模式：中央重点测光模式

模式：光圈优先模式

曝光补偿：+1 补偿

白平衡：日光白平衡

摄影说明：

此画面拍摄于北京奥林匹克公园。使用逆光拍摄，暖色的夕阳照亮了模特的头发，显现出金黄色；亮色的湖面很容易使相机误认为光线充足，拍摄出来的人物脸部一片漆黑。图片中景观美丽、人物神态清晰自然的作品，都离不开摄影者的用光手法，因此拍摄这幅画面时，摄影者有效地使用了外置闪光灯进行照明，正确给定了曝光量。

佳能5D，使用点测光模式对画面人物进行了测光，画面曝光合适，非常符合当时的意境

镜头：70mm　**光圈**：F/2.8

速度：1/250s　**感光度**：ISO200

测光模式：点测光模式

模式：光圈优先模式

曝光补偿：-1/2补偿

白平衡：日光白平衡

摄影说明：

由于摄影地点是在室内光线较弱的时候，虽然在模特的对面有一面大的落地窗，但整个环境还是比较阴暗。摄影师没有采用提高感光度的手法，而是利用外置闪光灯，使光线投射到人的脸部，突出人物的表情和神态。在拍摄时还把绿色的植物叶子为前景，以此作框架，既增添了内容，又起到了突出主体人物的作用。

小技巧

使用外置闪光灯直接对人脸闪光，人物主体和背景都会留下很深的阴影。在闪光灯前面加用柔光罩对人物脸部柔和补光，画面会更加自然。

Part 06

不同光照曝光的控制

摄影的照明光源有自然光和人造光两大类，这两类照明光线的强弱都是变化多端悬殊极大的。对于自然光来说，一年中的不同季节、一天中的不同时间，以及天气情况都明显地改变着自然光的强弱，那么同时我们应对曝光进行相应的变化。

很多年来摄影师一直在强调光的重要性。正确地领悟光线，理解曝光的重要性，对拍摄有很重要的意义。光线能增强照片的价值和戏剧效果，摄影师利用光线进行有创意的曝光。

在这一章节里我们就来学习在不同光照下的曝光。

6.1 光的重要性：曝光的重要性

光是一种语言，光线有色彩、色调、范围、感情，它可以让画面锐化或柔和，可以改变画面的意义。有些摄影师为了利用更好的自然光，会等待数小时，直到一天中光线最好的时候来临。

当我们领悟光、拍摄光的时候，我们要根据光线对画面进行正确的、有创意的曝光。那么正确曝光就是光圈、快门速度和ISO的组合。有创造性的曝光依然是恰当的光圈、恰当的快门速度和恰当的ISO。

在一天中无论光线来自什么方向、什么性质，我们在拍摄一幅照片时，不仅是简单地还原真实的光线，还要考虑如何利用光线来进行创造性的曝光。这种创造性的曝光已经超越了简单的快照，创造性的运用快门和光圈让你拍摄到不同寻常的照片，开始你探索和记录创意视觉的旅程。

摄影说明：
光线在这幅照片里很重要，曝光对拍摄这幅照片来说更是必不可少的。画面中即将落下的夕阳，还没有完全被山峰遮挡住的一缕阳光照射到树木上，非常漂亮。
根据相机内部系统所给出的曝光值F/8,1/125s,在此曝光值的基础上减少两档，F/8,1/500s；如果使用相机测光系统所给出的曝光值会使画面拍摄的很亮，山体的暗部没有被太阳所照射的地方会跟被太阳照射的地方几乎一样亮，减少1~2档的曝光会使画面的暗部能够暗下去，且在拍摄时最好使用点测光模式，只对亮部的树木测光，再减少1~2档的光圈就得到此图中的画面效果。

镜头：28~105mm,设定在105mm
光圈：F/8
速度：1/500s
感光度：ISO100
测光模式：点测光
模式：手动模式
三脚架：使用

6.2 自然光

摄影曝光时，我们不仅要注意光源本身的强弱，更要注意被拍摄体的受光情况，因为数码相机的感光元件，实际上是被拍摄体的反射光而不是光源本身。例如在直射阳光下，被拍摄体分别处于正面受光、侧光、背面受光时的曝光调节就明显不同。

⊙ 正面光

正面光又称顺光，当光线与你的相机镜头朝向同一个方向，镜头指向哪里，光线就在哪里，就会把哪里的被拍摄对象照亮，这就是正面光。正面光在大多数情况下能够均匀地照亮被拍摄体，很多摄影师认为由于测光的方便，正面光是最容易使用的一种光线，特别是在拍摄有蓝天的风景时。

那么就是说正面光对曝光来说不会造成太大的困难，这种光线下能够很方便测光。正面光就像阴天的光线一样，提供的是均匀照明，这能让摄影师比较容易设定曝光，而不用像曝光专家那样来确定场景中的哪一点需要专门取测曝光读数。即使初次照相的人也能够利用正面光成功曝光，不管他的相机是手动曝光还是自动曝光。

手持相机，使用正面光拍摄，把焦距设置在无限远，保证画面内的景物都清晰

镜头：28mm　**光圈**：F/22　**速度**：1/125s　**感光度**：ISO100
测光模式：矩阵测光　**模式**：自动模式　**三脚架**：未使用

正面光可以把被拍摄体拍摄得非常明亮，但画面会缺乏明暗变化，所以曝光时一定要准确，这样才能保证层次丰富。当你不介意早起或在外面待到很晚，你可以选择在太阳升起后一小时和落山前几个小时捕捉光线，这时的正面光品质和颜色是最好的，这种金橙色光线的温暖感非常吸引人。且用这种正面光拍摄出的肖像比真人更漂亮，拍摄的山水风景和城市风景照片更美丽。

利用傍晚夕阳正面光拍摄，金黄色的暖色调子非常吸引人的眼球

拍摄说明：
此图是以后海的胡同为背景拍摄的，当傍晚的阳光正面照射在模特的身上和面部，摄影师毫不犹豫地拍摄下来。傍晚的阳光经过建筑物的遮挡形成一束，照亮了模特及背景的部分，带有金黄色的暖调光束与背景中黄色的物体相互辉映，使画面非常有气氛。把相机设置为光圈优先模式，选择使用了F/5.6的光圈来突出模特。

镜头：75mm　**光圈**：F/5.6　**测光模式**：局部测光　**曝光补偿**：-1补偿

速度：1/125s　**感光度**：ISO100　**模式**：光圈优先模式　**三脚架**：使用

小技巧

在使用正面光拍摄时，人物的脸部全部直接受到直射阳光的照射，因此在拍摄时一定要注意对脸部的正确曝光。如果光线很强烈，尽量让曝光补偿不足半档或一档，这样脸部的层次才会更加丰富。

⊙ 侧面光

当你想要三维效果，具有高光和阴影的照片时，你就要用侧面光。当太阳升起后几个小时和日落前几个小时，要是你面朝南或朝北拍摄，会发现大量被侧面照亮的拍摄对象。当我们使用数码相机拍摄时，最好在相机给出的曝光读数上减1档曝光值，因为在任何侧面光照明的场合，如果曝光不足，阴影就会更黑，这样拍摄出来的照片三维立体感就更加理想。但是在使用侧面光拍摄时，一般我们在曝光时都会按照被拍摄体的亮部进行曝光，尤其是主体阴影的部位不是很大时，我们要稍微增加一级曝光补偿。

由于需要对光线与阴影进行组合，对许多摄影师来说，利用侧面光曝光是最复杂的。不过，这种照明条件也是最值得拍摄的。很多专业摄影师都认为，侧面照明的对象肯定比正面光和背光更能引起观赏者更强烈的反应，因为这种照片更逼真地模仿了他们用自己的眼睛看到的三维世界。

侧面光线的使用使人物主体有着清晰的明暗对比。在拍摄时使用长焦镜头且利用大光圈，很好地虚化了斑驳阴暗的背景，突出经阳光照射具有强烈明暗对比的主体。画面中由于暗部较多，在拍摄时可以负补偿半档，避免脸部曝光过度，同时使暗部能够暗下去

画面中树木明暗对比清晰，非常具有三维立体感。广角镜头的使用，使具有清晰明暗对比的树木在蓝天的衬托下，非常明朗、透彻

镜头：200mm，加用36mm接圈
光圈：F/11
速度：1/250s
感光度：ISO100
测光模式：点测光
曝光补偿：-1补偿
模式：手动模式
三脚架：使用

画面中侧面光线的照射，不仅使主体具有立体感，且非常细腻、具有质感

摄影说明：

画面中由于使用70~200mm变焦镜头无法更接近这只蜻蜓，拍摄时使用了一个小接圈，这样不必太靠近就能让拍摄目标充满整个画面。且在拍摄时利用傍晚的侧面光和背景的阴影来制造一种很漂亮的对比，衬托出花苞和蜻蜓。将相机和镜头装在三脚架上，使用光圈F/11,速度1/250s，相机显示曝光正常。

小技巧

在拍摄微距时，最好使用相机的手动模式（M档），因为使用自动模式，不容易对上焦点，当相机频频对不上焦会发出吱吱的声音，使用手动模式能够很轻松地对上焦点。

⊙ 逆光

逆光又称作背光，是光线在被拍摄体的背后，照射到摄影师的前面和拍摄对象的背后。很多摄影初学者对这种光线既喜欢又害怕。

用逆光拍摄的效果最强的照片就是剪影照了。很多摄影爱好者都是在无意识中拍到的。逆光拍摄能使被拍摄体产生生动的轮廓线条，使主体与背景分离，从而使画面产生立体感、空间感。它非常有助于突出物体的外部轮廓，使普通的物体变得非常具有视觉冲击力。

画面中使用逆光拍摄突出树木的剪影形状，大片的霞光天空使画面更具视觉冲击力

使用长焦镜头拉近拍摄太阳，在曝光时以太阳旁边明亮的天空为曝光基准，避免了大海一片漆黑

尽管很多人喜欢拍摄剪影照，但很多人的曝光都不成功。这通常是镜头选择和测光位置的原因。如果你是使用长焦镜头拍摄，比如200mm镜头，你必须清楚你应该对准哪里测光。由于长焦镜头强化了日出或日落背景的亮度，测光计看到了这种被强化的亮度并以这种亮度提示曝光。要是你用它提示的曝光设置拍照，你的照片上只会出现一个暗橙色或暗红色太阳，其他部分是黑糊糊的一片，这种强背光前面的任何物体都会淹没在周围的黑暗中。要避免这种情况，就要始终把长焦镜头对准太阳左侧或右侧明亮的天空，然后手动设置曝光。如果你用自动曝光模式，可以

按下曝光控制按钮。

若是你想拍摄背光对象又不想拍摄成剪影，很多人都会选择使用闪光灯或反光板对人物面部来进行补光，使脸部获得正确曝光。这样拍摄出来的画面比较假，有很多摄影者也不主张使用人造光来补光。有一种非常容易且能得到正确曝光的方法，可以使照片的效果更加好。当主体人物背后是落日，当你用落日做背光拍摄时，拍摄出来的一定是剪影照片，这时你可以靠近你的模特，让模特的脸充满整个画面，以脸上反射的光为曝光基准，无论你是手动设置曝光，还是用自动曝光按下曝光控制按钮，都要再回到你原来的拍摄位置再拍摄，你一定会拍摄出一张非常好的肖像照。

以太阳为背景拍摄人像，面部一片漆黑，拍摄成剪影照片

靠近被拍摄主体，对主体脸部的反射光进行测光，得到一张非常精神焕发的肖像照

当拍摄有些透明的拍摄对象时，例如树叶、种子上的绒毛、比较薄的花朵、沾满露水的蜘蛛网等，有经验的风景摄影师大多都喜欢用背光。背光有很多种曝光选择：在背光较强的时候你可以拍摄剪影照片，或者以背光反面的光为基准进行测光拍摄肖像照，还可以按有些透明的物体上的光线测光。这三种拍摄都要求在测光时特别小心和仔细，拍摄出来的照片会很漂亮。跟其他种类的曝光选择一样，成功的背光照片也来自有意识和故意的测光决策。

画面中种子上的绒毛在逆光的照射下，散发着迷人的光芒，且虚化交叠的狗尾巴草产生一种动态效果

逆光使淡薄的花朵产生剔透感

镜头：28mm　**光圈**：F/8　**测光模式**：矩阵式测光　**曝光补偿**：无补偿

速度：1/125s　**感光度**：ISO100　**模式**：光圈优先模式　**白平衡**：日光白平衡

摄影说明：

在背光时，很多实心的物体如花枝在画面上显示是黑色的剪影，但花朵就不一样了，当透明物体被背光照亮时，他们似乎在发光。图片中的花朵，选择使用低角度拍摄，这样就使黑色剪影的枝干衬托出了透明的花朵和叶子。拍摄时将光圈设置为F/11，然后把相机抬起来对准被背光照亮的天空，调节快门速度到1/250s时取景器显示曝光正确。然后对画面进行构图，得到这样一幅非常鲜亮的逆光照片。

小技巧

在拍摄大面积的花朵时，可以使用广角镜头拍摄，由于广角镜头的视角更宽阔，可以拍到部分天空，这样能令人感觉空间非常广阔。

⊙ 顶光

顶光的光线来自被拍摄体的正上方，用顶光拍摄人像会产生非常不好看的浓重阴影，画面的影像反差比较大，很多摄影师都很忌讳使用这种光线来拍摄人像。

当使用顶光拍摄人像时，通常要求人物仰视天空，这样就避免了脸上浓重的阴影；如下面的图片中，使用顶光拍摄的这张人像没有做补光，脸上有非常不耐看的阴影，当对人物面部使用闪光灯或反光板补光后阴影就消失了，或是让人物仰视抬起脸部。

使用顶光拍摄的建筑物明暗反差比较大

使用顶光拍摄人像的画面效果

一般顶光都出现在中午时分，正中午的阳光，光线最强，物体的色彩已完全饱和，如果拍摄建筑物或者风光照片，物体的阴影都呈现最短，且使用顶光拍摄的建筑物体明暗反差比较大。

正午时分的顶光画面效果，使用矩阵式测光模式，对于顶光画面比较容易曝光

⊙ 阴天

在摄影师面对的各种不同光线条件中，阴天的光线是最安全的。当天气处于阴天状态时，光线呈漫射状，明度比较弱，被拍摄体没有很严重的投影。

阴天没有很清晰的光线方向，可以很均匀的照亮大部分物体，让测光变得简单。阴天时也非常适合使用数码相机的自动曝光来拍摄，因为环境的总体照明是平衡的。这种柔和的光线可以使肖像看起来更加自然，花的颜色更丰富，让风光的颜色更加饱和，在有树木的地方，还能消除在晴天时产生的强烈明暗对比。因此，摄影初学者可以经常在阴天时使用自动曝光模式拍摄，如果需要景深变化，可以使用光圈优先模式。

阴天光线拍摄人像是比较简单的，柔和的光照条件比较容易曝光。拍摄时想把背景拍摄成模糊的形状和色调，使用了光圈优先自动曝光模式，把光圈开设到F/5.6，这时我们只要对人物调焦就可以了

画面中拍摄的静物水果，如果在有阳光的天气下，会产生鲜明的明暗对比度；在阴天下拍摄，我们能够正确曝光，因为光线很均匀，我们根本不用担心。拍摄出来的画面色彩细腻又饱和

阴天下光线比较柔和，拍摄出来的树叶颜色非常饱和

镜头：105mm **光圈**：F/11 **速度**：1/60s **感光度**：ISO100 **曝光补偿**：-0.5补偿
测光模式：矩阵式测光 **模式**：光圈优先模式 **白平衡**：阴天白平衡

摄影说明：

阴天时，周围的光线柔和均匀，色彩非常饱和浓重。若是在晴天状态下，树木和溪流的拍摄会产生很多问题，树林中会产生很多阴影，拍摄出来的照片对比度会很强，且在强烈光线的照射下水面会反光，阴天时这些问题都不会发生，你只管使用光圈优先模式，让相机自动曝光就可以了。

小技巧

当拍摄风景照时，尽量使用小光圈来拍摄，保证风景有足够深的景深，使画面能够足够的清晰。

强烈阳光

直射阳光下拍摄的人物照片，画面非常清晰、明朗。在拍摄人与景的结合时，尽量使用小光圈保持画面的清晰度

强烈阳光是指在没有云的天气或者没有雾的天气，直射阳光下被拍摄体有浓重而明亮清晰的影子。一般这种强烈的直射阳光都是在上午10点钟左右，这种光的照度高，光质比较硬。这种光线方向性很强，光影非常丰富。因此，在曝光的时候我们应以亮部的亮度作为曝光的依据，在拍摄时尽量使用小光圈来满足画面曝光量的需求。

例如上幅图片中，使用自然直射阳光拍摄，画面中有明显的光影，亮调和暗调景物层次分布比较均匀，使用矩阵测光模式拍摄就可以了。

在直射阳光下拍摄雪景，明媚阳光的照射会使雪变得很纯净，拍摄时，如果曝光过度，雪就会失去层次和质感；如果曝光不足，雪就会蒙上一层灰色。例如，下边的图片拍摄于雪后的晴天，主体和背景都被光线照亮，曝光合适，景物层次非常丰富。

画面在晴天强烈的阳光下拍摄，画面中的雪景有着明显的光影，亮调和暗调的景物层次非常清晰

⊙ 自然散射光

自然光是以太阳光为主。自然光的强度和方向是不能由摄影者调节和控制的。当天空有薄云或处于阴天状态下，或太阳光线被云或其他东西遮挡住时，光线就会呈散射状态，散射的光线比较柔和。对于摄影初学者来说，在散射光线下很容易得到正确的曝光。

当天空有薄云遮日时，直射的太阳光线被散射，被拍摄体会有淡淡的影子。这种光线的亮度比较高，但是没有强烈阳光的照度大，曝光时用比强烈阳光下大一级的光圈就能满足曝光量的需求。在这种天气下拍摄，画面以中间调为主，可以使用矩阵式测光模式。

当天空有厚云遮挡住太阳时，被拍摄体几乎没有影子，这时光线的照度也不高，比较柔和，方向性不明显。在曝光时使用比强烈阳光大一级的光圈能满足画面曝光量的需求。

柔和的自然光线拍摄出来的画面色彩非常饱和

画面在阴天拍摄，光线非常柔和，拍摄出来的画面呈现中调色彩

强烈的太阳光下，经过树木或凉亭的遮挡，在凉亭内或树木下的光线就是被散射过的光线，比较柔和。当我们拍摄人像时，强烈的直射自然光不利于拍摄，可以让模特站立在树荫下或凉亭下，或者用遮阳伞遮挡后拍摄，可以得到非常柔和的人像照片。

画面中本来很强烈的自然光线被建筑物遮挡，散射了，在阴凉处光线变得柔和，非常适合拍摄人像

⊙ 硬光

硬光照明的光线有明确的方向性，从被拍摄体所产生的极其明显的阴影中，可以很明确地确定出光线投射的方向。最常见的硬光照明光源是晴朗天气时的太阳，闪光灯和普通的照明灯泡等。

例如下面的这幅图片，人物的脸部有明有暗，曝光时以亮部为基准，能使被拍摄体产生强烈的明暗对比。

硬光有着强烈的方向性，非常利于塑造物体的立体感

画面中人物主体经强烈光线的照射，脸部有着非常清晰的明暗对比

⊙ 高调

高调是指照片上白色和浅色占大部分画面，由大量白色和浅色构成。高调照片主要是以淡色为主，适于表达某种精细、轻盈的特征。

在拍摄这种高调照片曝光时通常增加 1~2 档的曝光量，来提高高调的气氛。当我们使用相机的内部测光系统测量的曝光值进行拍摄时，拍摄出来的画面会偏灰，因为相机感受到大量的白色会以为画面曝光过度，把画面还原到 18% 灰。因此在拍摄时，当画面以高调为主时，我们通常会增加 1~2 档的曝光量，还原真实的白色。

例如下面这幅图片里，为了提高高调效果，在拍摄时增加了 1 档的曝光补偿。

高调画面给人一种洁净、优雅的感受

镜头：200mm **光圈**：F/2.8 **测光模式**：矩阵式测光 **曝光补偿**：+1 补偿 **速度**：1/125s
感光度：ISO100 **模式**：光圈优先模式

摄影说明：

白色的冰雪、白色的天鹅、弥漫的雾气，使画面呈现出宁静的高调。浅淡的蓝白色调很好地衬托出了天鹅轻盈、高雅的特征。拍摄时使用长焦镜头拉近拍摄，避免惊扰天鹅，且能很自然地虚化背景，使整个画面笼罩在晨雾弥漫的境界中。由于画面以白色调为主，在拍摄时增加了 1 档的曝光补偿，提高了高调效果。

小技巧

由于冰雪的色温较高，拍摄的画面往往会出现蓝色色调的偏色，但是，这种偏色恰到好处地表现出雪后清冷的氛围，所以不需要特意使用白平衡进行色彩还原。且白雪的反光比较强烈，最好避免日光直射的时候拍摄，多云等光线柔和的时候都能拍摄出雪的层次感和立体感。

低调

低调是指照片上黑色和深色占大部分，即由大量黑色和深色构成的照片称为低调照片，与高调照片给人的感受完全相反。拍摄低调照片通常在曝光时都减少1~2档的曝光量，提高低调的气氛。

日落的低调照片，营造出神秘的氛围

例如这幅日落照片，在拍摄时使用点测光模式，按水面的高光点测光并进行曝光，环境由于曝光不足呈现出黑色调，黑暗的阴影和背景非常有助于营造神秘的低调气氛。

在室内从低处仰拍，逆光拍摄，按建筑物的亮处测光，使人物和前景曝光不足，呈现低调气氛

拍摄这幅静物图片时，从侧逆斜射下来的太阳光照亮了静物的轮廓，在曝光时，以静物的亮部为曝光基准，没有被光线照射的地方由于曝光不足呈现出暗色调，画面非常的厚重、结实

6.3 室内自然光

室内自然光的亮度比室外要弱很多，也很复杂，除了天气情况和不同季节、时间等影响外，还存在明显影响室内自然光强弱的各种因素，如窗户的朝向、多少，开或关；房间楼层的高低，窗户是否开阔，是否有遮挡物；室内墙壁色泽的深浅，被拍摄体距窗户的距离等。

当被拍摄体距窗户的距离变化时，应相应地开大或缩小光圈。

室内自然光拍摄时，如果90度侧对窗户，脸部就会一半明亮，一半较暗。那么这时在拍摄时就要对亮部进行测光，以其为曝光值，使亮部得到适当的曝光

6.4 人造光线

人造光线是指人工制造的发光体所发出的光。摄影者可根据拍摄的要求，调节人造光源的照明强度、方向和光质。

例如下面这幅图片，是完全使用室内灯发出的光线拍摄的，没有使用闪光灯，画面比较暗，但非常有现场气氛。

生活中的人造光线一般都是荧光灯或白炽灯。在家庭生活中我们一般都使用荧光灯，在拍摄时最好将相机模式调整到荧光灯白平衡模式；一般在酒吧、咖啡屋等为了强调气氛的环境中使用暖调的钨丝灯，在拍摄现场应把白平衡设置为钨丝灯白平衡，避免画面的偏色。

当我们在室内光线下拍摄，如果所使用的光线是钨丝灯时，在拍摄时要把相机设置为钨丝灯白平衡，避免画面过度偏色

如果在室内荧光灯光线下，画面的颜色会偏冷偏绿，因此拍摄时设置为荧光灯白平衡，对画面的色彩进行调节

小技巧

在室内人造光线下拍摄时，一般光线都比较暗，对于摄影者来说手持相机拍摄比较困难，会导致画面模糊，在拍摄时最好使用三脚架。

Part 07

户外人像摄影曝光技巧

几乎所有从事摄影的人都知道，曝光和构图是评判一幅图片好坏的标准。美丽的女性、可爱的孩子都是很好的被拍摄体，然而只有环境与光线适合这些人物，才能展现出人物最美的一面，这是体现摄影意图的最佳方法。

在这一章节里，我们来学习拍摄户外人像时，如何正确确定曝光量。

7.1 自然光下拍摄如何确定曝光量

在户外拍摄人像，光线的性质及状态直接左右画面的效果。强烈的直射光线、透过云雾的浅光线、下雨天等，由于天气变化多端，摄影的表现手法也丰富多彩，而只有把人物安排在最融洽的位置，才能拍摄出最美丽的画面。下面介绍了最大限度运用好自然光，使其与人物构成最好光照状态的曝光量确定方法。

以风景为背景在自然光下拍摄人像照片时如何确定曝光量呢？这时最先要掌握人物周围环境的状态。人像摄影的主体是人物，人物周围的背景亮度对曝光量的影响也很大，在曝光时我们还是要以人物来确定曝光量。

当我们以明亮的蓝天和白云为背景拍摄人物时，相机的测光表对亮区域进行测光，此时人物会曝光不足。若是在直射阳光下对人物的暗部区域进行测光，背景就会曝光过度，变得一片煞白。这样的效果与相机的测光方式有着直接的联系。我们在拍摄时，最简单的办法就是近距离安排人物，对该人物测光，然后以此曝光量拍摄照片。

很多摄影师认为，自然光线下人像摄影中最有效、最精彩的摄影方法便是在浅光深入的阴暗空间中拍摄人像照片。这种方法的最大优点就是呈现了聚光灯效果，无论是使用点测光还是局部测光都能拍摄出很不错的画面效果。

使用相机对亮部测光，人物曝光不足

对人物的暗部区域测光时，背景曝光过度

近距离安排人物，对该人物测光，拍摄出曝光正确的画面

利用自然光线拍摄的人像照片

利用树林的缝隙照射进来的光线，使用点测光拍摄

在户外拍摄时，我们可以在接近镜头的位置取树叶或树枝等简单事物为辅助物，这是一种效果非常好的方法。曝光差异较少的环境最适合使用该方法，这很有利于把人物和背景原本就无层次感的单调画面描绘成四周发虚的暗角效果，在镜头的周围形成颜色及明暗度差异，从而巧妙地勾勒出风格独特的影像。

在拍摄此画面时，在前景中取树叶作为拍摄的辅助物，为画面增添了很多观赏性

取景时利用前景可以把人与背景毫无层次感的单调画面描绘得很丰富，画面四周的颜色以及明暗度差异适中，从而巧妙地勾勒出了风格独特的画面

以自然景观为拍摄对象时，通常把地平线作为基准来安排构图。上面是天空，下面是地面上的被拍摄体，是最常见的照片构图方式。此时人物和天空的亮度差异也会非常明显，在这样的环境里，若不使用反光板或辅助照明，很难拍摄出好的照片。

在拍摄此种照片时，我们在取景时可以先不包含天空而对地面或人物为中心测量曝光量并手动设置曝光值，重新调整构图，包含天空取景后拍摄照片。这种方法可以充分表现人物及周围其他对象的色调。但如果主要表现的对象是蓝天和云彩等除人物外的其他被拍摄体，可在相机所提示的曝光值上进一步降低曝光量，从而把人物拍摄成剪影图像。

在拍摄人像照片时，很多时候我们会拍摄到特写。下面我们就介绍人物特写画面的曝光方法。人的特写画面不包含大幅风景，人物的脸部是拍摄重点，这就更容易确定曝光量了。脸部的肤色是确定曝光量的重点，而周围环境的亮度几乎起不到任何作用。拍摄人物特写时也要避开亮度差异过大的环境。在拍摄年轻女性时，还要注意很多问题，要是脸部直接暴露在太阳光下，会增大脸部不同角度的明暗差异，会使颧骨看起来更加凸出，也可能过分强化下颚轮廓，使鼻梁下生成强烈阴影，反而丑化了人物，使图片效果变差。

利用高速快门拍摄的照片，拍摄时可以先对人物手动设置曝光值，然后再构图取景天空

以蓝天白云为背景为画面增色

阴天时，可以拍摄到没有很大明暗差异的柔和画面

有明亮的太阳时，可以拍摄明暗差异较大的画面

刻画人物脸部时，最好选择明暗差异较小，适合表现柔光效果的环境。

7.2 不同题材的人像摄影曝光

在人物充满整个画面的特写照片中，人的形象会直接左右整幅照片的效果，美丽的风景和人物相互融合、相互协调的照片。如：以雪景为背景的人像照片、以枫叶为背景的人像照片、以蓝天为背景的人像照片，以及其他美景作为背景的各种人像照片等，能成为我们永久的回忆。下面介绍如何才能拍好人和风景相互融合的照片，以及人景合一的照片中，适合不同素材的曝光方法。

⊙ 雪景中的人像摄影

以雪景作为背景的人像照片比任何一类照片都具有魅力，几乎所有的人都很喜欢洁白的雪景。以雪景为背景的精美照片，无论是自己拍摄的，还是别人拍摄的，我们都想拥有一幅。因此，为了用相机锁定此类美景，下面详细介绍确定曝光量的方法。

要想拍摄好雪景中的人物，最先要确定画面中雪景所占据的比重，就是先要确定画面的构成比例。这对于确定曝光量有着密不可分的关系。即取景时是否让亮洁的雪景占据大部分画面，还是均匀分布亮区与暗区，这直接影响将要确定的曝光量。

下雪的时候或者下完雪后拍摄照片，反光效果较强的白色会占据整个画面的大部分。此时，如不补偿曝光量而直接拍摄照片，相机内置的测光表就会判断为较亮的被拍摄体，自动降低画面的亮度，这样一来，实际拍摄出来的画面远远暗于真正的被拍

画面中使用慢速快门拍摄，凝固了雪落下的瞬间

雪景人像照片

摄场景。因此，很多摄影师说，只要拍摄亮部拍摄体，就应把曝光补偿值设定为正补偿，虽然多数情况下都是增加曝光量，但具体补偿量要根据实际被拍摄体来确定。

使用相机内部的测光系统测出的曝光值，拍摄出来的画面发灰

增加了曝光补偿量，还原了雪的白色，画面更加通透

画面中使用高速快门拍摄，大面积的雪及飞起来的雪使画面既具有动感又很漂亮

慢速快门拍摄的雪景照片，更加有气氛

秋景中的人像照片

被拍摄体的亮度和大小、构图比例都会影响曝光补偿量，在这里所说的曝光补偿仅仅是适合雪景的、基本的、平均的曝光量确定方法。这就是说，实际摄影环境的曝光量，只能由亲临此景的拍摄者来确定。

可以根据画面所要表现的意图，来增加快门速度或减慢快门速度，这时的画面效果也是完全不一样的。

⊙ 以秋色为背景的人像摄影

一年四季中最适合人像摄影的应该是秋季。黄色和红色的秋叶是摄影者们喜欢的最佳拍摄对象。在这美丽的秋景中融入美女的风姿或其他人物，相信没有比这更精彩的照片了。当我们真正拍摄以枫叶等秋色为背景的人像照片时，你很快就能发现其难度，为了拍摄出最优秀、最惬意的图像，不仅要找到人和秋景自然协调、融合的环境，还要使环境满足最适宜的光线条件，而光线的选择尤其重要。

顺光等平凡的光线很难突出秋天色彩的美丽。虽然我们拍摄的是人像照片，但是我们还是要选择好风景，然后在其中塑造主体人物。以枫叶等秋景作为人像摄影的背景时，应尽可能地简单、单纯化背景。

树林中到处都呈现线和面相交的形态，在比较杂乱的环境中安排人物，可能会扰乱人们的视线。另外，背景的颜色应该和被拍摄主体人物的全身服饰颜色有鲜明的对比效果。画面取景时，要防止画面中色彩浓度不均匀的现象，因此最好不要拍进天空，在实际的拍摄中，应以不影响整体画面效果

画面中虽然秋色很浓，但是背景中的植物与人物黏合在一起，没能很好的突出主体

当我们以秋色作为背景时，画面要尽可能地简单，能够更好的突出主体人物，图中，金黄色的植物与人物头发上金黄色的光线相互映衬，暗色的背景使人物与背景隔离开

为前提，要么减少天空的比重，要么完全排除掉天空后，再取景拍照。

侧光或者逆光可以充分描绘出枫叶的色彩和质感，但在逆光拍摄时如何确定被拍摄主体人物的曝光量是个难题。其实有很多种方法可以为此类场景确定曝光量，最典型的方法是利用相机的曝光补偿功能，或者借助反光板及闪光灯布置辅助光。

画面中人物主体的亮色衣服与背景有鲜明的对比，使人物主体与背景分离开来

在拍摄秋天的景色时，除去了天空，使秋色更加浓重

曝光量应以背景为中心进行测量，而通过+、－曝光补偿手法，减少人与背景的曝光差异。以秋天的景色为背景的人像摄影中，测光模式要根据对象而选定。当人物数量较多时，最好选择中央重点平均测光模式，而重点刻画人物时，最好根据人的大小选择局部测光模式或点测光模式。

顺光拍摄的画面比较平，枫叶的色彩也不浓重

侧光能很好地体现出主体人物的立体感以及枫叶的色感和质感

画面中使用逆光拍摄，枫叶被照射得明亮剔透。主体人物的脸上使用反光板进行补光，使主体与背景达到均衡

侧逆光线下使用点测光对人物的脸部进行测光

⊙ 强调动作的人像摄影

拍摄人像照片时，应根据被拍摄对象及摄影意图，在高速快门和低速快门之间做出选择。我们可以把快速运动的被拍摄体拍摄成静态画面，也可以利用低速快门表现流水般柔和的效果，这些都是两种快门速度所表现出来的。因此，人像摄影中快门速度的作用非常大。在这里我们介绍一下如何巧妙使用高速快门和低速快门，表现出更加丰富多彩的人像照片。

当我们拍摄一幅画面时，我们必须认真思考是用高速快门捕捉静态画面，还是以慢速快门强力表现动态效果。

画面中使用快门速度1/300s，定格住了泡泡，画面非常漂亮

例如在公园拍摄美女，当公园人较多时，若使用高速快门，不仅静止了模特的动作，连背景中走动的人物也一同被留下了。一旦画面中所有的要素都被静止，表现出的画面会不自然、不协调。在左边的图片中，我们使用了低速快门，抓拍到了美女笑时的瞬间画面，还使背景中的人物表现出了动态感，画面中的动静结合，增添了很多的观赏性。

右边的图片中，使用低速快门拍摄，表现了三个小朋友手拉手跑动的动态效果，既体现出了儿童的活泼、开朗的一面，又与室内静态要素相结合，拍摄出来的画面既自然又精彩。

抓拍快速移动的被拍摄体或者动感较强的场景，使得画面瞬间定格，从而表现出静态效果，最适合的曝光手段就是采用高速快门来拍摄。在拍摄比赛场面或运动员时，基本上都使用高速快门。运动员全力拼搏的动作及表情是摄影者最佳的拍摄对象，但最好的表现方法是把人物与其他特征性事物巧妙地融合在一起。

使用低速快门拍摄的画面

低速快门使运动的小朋友非常有动感

高速快门拍摄，抓拍到了女孩欢乐的瞬间，且凝固了翻腾的水泡，画面非常有动感

使用高速快门抓拍小运动员抢球的激烈动作

虽说是拍摄人像照片，但也不能只把人物填满整个画面，除非简单地抓拍生活的瞬间，要思考如何表现人物和背景更加协调的画面，只有这样才能拍摄出好的摄影作品。

摄影者要根据摄影的主体及拍摄意图确定不同的曝光量。即使人物的动作幅度不大，其他环境要素也会体现出画面的好坏程度；即使人物的动作比较强劲，周围环境不理想，也同样影响曝光量的确定。在确定曝光量时，由于被拍摄主体是人物，不能只考虑背景环境，但也不能只考虑人物，而不去思考对周围环境的影响。

只要理解了下面列出的几种摄影环境，就可以快速、轻松地应对曝光问题。

当光线比较弱时，需在暗环境中以快速快门来拍摄对象。这时我们可以把感光度提高，提高到噪点不影响画面的程度，光圈可开到最大，来确保快门速度。

当光线比较亮时，我们可以在亮环境中以慢速快门来拍摄。

律动感很强的画面

以人物为中心拍摄的动感画面

在阴天时拍摄的画面，光线比较弱，这时我们可以提高感光度，将光圈开大来提高快门速度

小技巧

拍摄快速移动中的被拍摄体，多数都会使用高速快门。此类情况下，我们可以尽可能选择镜头的大光圈，适当调整感光度，从而确保快门速度。也可以把焦点对准被拍摄体后进行追踪拍摄，因此把AF设置为AF-C动态模式。

Part 08

风光摄影的曝光技巧

几乎所有接触过摄影的人都曾接触过风景摄影。无论是城市公园中的人造风景，还是大自然中的自然风景，这些美好事物一直以来都是摄影师们的最爱。

那么风景照片的曝光与人像不同，人像摄影，若曝光不足，明显能看出曝光过度或曝光不足的缺陷，风景摄影的曝光量范围要比人像大得多。因此，拍摄者的拍摄意图会造成曝光量的差异，即便在同一地点拍摄同一景物，也会表现出不同的效果。

在这一章节里我们来学习一下风景摄影的曝光技巧。

8.1 自然景观

自然界中存在很多拍摄对象。秋天深色的枫叶和树木，映在湖水表面的倒影，确定的曝光量及表现手法不同，这些被拍摄体所呈现的画面会有不同的效果，在这一章节里我们来告诉读者什么是最适合的曝光手法。

⊙ 枫叶及树林

秋天，浮现在我们脑海里的就是染成红色、黄色的枫叶和树林。我们肉眼看到的枫叶都非常鲜艳夺目，但相机却难以控制。如何表现好枫叶的颜色，需要我们使用恰当的曝光量。

拍摄枫叶和树林的时候我们最先要考虑的就是如何降低亮区与暗区的曝光差异。大多情况下都以树林为背景拍摄照片，而天空和树林的曝光差异非常大。下面我们来介绍枫叶及树林的摄影中如何找到最佳光线，如何确定最适合的曝光量。

在拍摄红叶时一定要注意如何降低亮区与暗区的曝光差异

当在顺光光位时，若太阳和枫叶的距离较近，枫叶和天空的明暗差异就会非常大，这样难以确定曝光量。假如对天空测定曝光量，那么枫叶就会曝光不足；而以枫叶的亮度曝光时，天空就会曝光过度，或者干脆天空一片死白。而逆光中的枫叶的特写照片，可以清晰地描绘枫叶的轮廓，颜色也会显得鲜亮。

顺光下的树林

逆光中拍摄的枫叶，颜色鲜明

在下雨天或阴天，枫叶的颜色显得更加深艳，若拍摄包含枫叶和周围景物的大背景，会降低整个画面的亮度。这时可以选择拍摄特定景物的特写照片。在拍摄水面上的枫叶时，不要选择光线强烈的时候，而是要选择光照角度比较低的时间段，这非常有利于提高色彩的饱和度。

枫叶周围的环境是塑造枫叶的重要因素。草绿色背景及蓝色天空可以赋予红色枫叶的立体质感，蓝色背景中的红色枫叶是非常富有视觉冲击力的。在拍摄时，不适合

阴天时，枫叶的颜色感非常饱和，颜色更加深艳

在拍摄水面上的枫叶时，要选择太阳光照角度较低时，如夕阳时分，这时不仅有利于提高色彩的饱和度，也减少了水面的反光

用蓝天作为单色背景，凸显枫叶

图片中很好地交代了枫叶所处的环境和地理位置：宽阔的公路、栅栏、幽静的环境，成为塑造参天大树枫叶的重要要素，画面非常美丽

使用太多的景物构成画面，而是要选取特征性景物，把重点放在色泽的对比效果和形态上，利用望远镜头为景物取特写画面，还可以开大光圈，模糊处理背景，更加突出红叶。

流淌的溪流和枫叶的搭配，使画面内容更加丰富，增添了很多观赏性

水面上的枫叶，使画面成为一幅美景，很好地衬托出枫叶的特征

流淌的溪流和映在水面上的枫叶都是非常美丽的自然景观，若能搭配树上的枫叶和其他美景构成一幅画面，更有利于衬托出枫叶的特征。

在确定树林和枫叶的曝光量时，应综合考虑颜色的分配及明暗的对比。暗色系补偿 -1/3，亮色系补偿 +0.3～+1 之间的值。若使用相机的 TTL 测光表，在顺光中直接测量枫叶的亮度，可以真实还原枫叶的颜色。若是在逆光中拍摄，曝光值补偿 +0.5 或 +1，

画面中使用点测光拍摄黄色的枫叶，由于石头和水面颜色比较深暗，使用点测光对亮色的枫叶曝光，非常有效

画面中红色的枫叶与后面背景深色的绿色树叶，在亮度上有着明显的差异，使用点测光对枫叶曝光，能够很好的营造出深沉的气氛

小技巧

在使用侧光拍摄树叶时，最好使用点测光，特别是在亮度差异较明显的环境中拍摄树叶，曝光量不受周围亮度差异的影响，只对特定的位置测光，因此点测光是非常有效、实用的测光方式。

更适合呈现出枫叶的颜色。若使用滤光镜，有利于减低反光效果，可进一步塑造枫叶的真实颜色。

最适合拍摄树木的光线是层次感较好的侧光。这时拍摄者可以按相机给出的曝光量进行曝光，降低曝光量，更有利于营造深沉的氛围。

侧面光线能够很好地表现画面的立体感，且具有层次感。侧面光照时会出现大片的阴影区域，因此在拍摄时应适当调低曝光量，有利于营造画面的气氛

⊙ 湖水及倒影

我们看到雾气冉冉升起的清晨时，湖景充满了梦幻色彩。映在水面上的晴天中的树林，这些美景让我们赞叹不已。

晴天，柔软的树枝倒映在水面上，画面轻盈、透彻，非常美丽

拍摄湖水及倒影时，比起使用长焦镜头拉近拍摄特写画面，更适合使用广角镜头，在大角度范围内表现整个湖水或其中的倒影形状。

如果有条件，尽可能使用偏光镜加深天空的蓝色，并最小化水面的反光效果。蓝色天空映在水面上与蓝天共同构成对称的画面效果。此时拍摄，应尽可能缩小光圈，加深倒影的颜色，画面也会变得更

蓝色天空和水中的倒影相互映衬。画面中使用偏光镜加深了天空的蓝色，同时也加深了倒影的颜色，画面变得更加清晰

加清晰。映在水面上的倒影会随着湖水产生波动，因此最好使用高速快门。若水面上的反光比较严重，画面容易曝光不足，可补偿 +1 ~ +2 左右的曝光量。实际拍摄时，若水面和天空各占画面的 1/2，就会构成等分切割的不理想构图，而三分法画面的布局可以带给我们视觉上的稳定感。

画面采用矩阵式测光拍摄，在构图上使用三分法，给人一种稳定感

8.2 雪的曝光技巧

雪是冬季的代表性风景，地域和时机的不同，下雪的程度和时间也有差异，因此一些地方很难拍摄此类景象。温柔的白雪团团包围小茅屋的景象是非常独具风格的美景，看到这样的景象，谁都会萌发拍照留念的欲望，尤其是摄影爱好者，更会寻找机会拍摄雪景。

若是在毫无特色的环境中，拍摄没有任何意义的雪景，恐怕拍摄者自己都不会喜欢，更别说感动观赏者了。当我们拍摄雪景时应包含能够与白雪形成对比并且颜色较暗的对象，只有这样才能完成有趣味、有亮点的雪景照片。

拍摄的背景箭扣长城，画面中雾气弥漫，气势非常雄伟。侧光的使用，使画面呈现出非常好的明暗质感和层次感

画面中雪景的亮部与画面中颜色较暗的对象形成鲜明的对比，形成非常有趣味有亮点的雪景照片

确定雪景照片的曝光量时，晴天要在相机提示的曝光值上补偿+1～+1/2,下雪以及布满云雾，光线不足时，可补偿+1的曝光量。另外，在拍照前还可以设定包围曝光模式，这可以大大降低曝光失败的几率。阴天拍摄的照片中，若天空和雪的颜色都是相同的灰色，表明没有补偿曝光量。

曝光不足

曝光正常

曝光过度

画面中使用包围曝光模式拍摄的三张照片：曝光不足的画面，曝光正常的画面，曝光过度的画面。拍摄者在使用相机的时候可以自己选择拍摄张数和包围曝光量。

阴天拍摄雪景时，在曝光量上补偿+1档，还原雪的真实白色

拍摄时没有对雪进行曝光补偿，拍摄出来的雪和天一样的灰

8.3 烟花摄影

烟花非常华丽夺目，所有的摄影者都想拍摄一次烟花盛开的夜空景象。要想拍摄好烟花，必须做好前期准备，在努力学习取景的同时，最关键的步骤是如何控制曝光量。

若曝光不足，整个烟花的形状会不够清晰；若曝光过度，整个画面会显得过亮。烟花开放的时间非常短暂，摄影初学者几乎无法拥有足够的时间，细细体会和练习曝光

6s F/14 ISO100 17mm 使用三脚架拍摄

方法，那么我们只有提前掌握相关的知识并做好准备工作。在这一章节里我们来介绍拍好烟花的最有效曝光手法。

在拍摄烟花前我们首先要准备一样器材，那就是三脚架。为了拍摄无抖动的画面，必须准备一个牢固的三脚架。在拍摄的过程中，按动快门的瞬间也可能存在微小的抖动现象，因此还需要有线或无线的快门释放线。若烟花的位置飘忽不定，则更要使用

使用三脚架拍摄的烟花照片

三脚架

小技巧

拍摄烟花的最佳位置应该是从低处向上取景。山脉的顶峰或建筑的屋顶等位置可以捕捉到烟花的全景，但除烟花外的建筑物等辅助被拍摄体就会显得过于渺小。

快门线，因为肉眼注视取景器时，视野会变窄，无法判断好按下快门的最佳时间。使用快门线后，便于观察烟花，还有利于确定按快门的瞬间。

在拍摄烟花时，为了体现烟花的大小，还应合理取景桥梁、建筑物及人物等辅助被拍摄体，即应利用辅助被拍摄体和烟花形态及大小，合理设计画面的构图。提前确认举办烟花节的地点，并由周围建筑或特殊结构物等共同构成画面，可以拍摄出更加精美的图像。

利用地面上坐着看烟花的人做辅助被拍摄体，增添了画面的内容

开始摄影时，应尽可能地抓拍简单、美丽的烟花。四处散开的多个烟花，看起来充满了梦幻效果，但实际拍摄出来的可能就会让我们大失所望。因此，在拍摄时不要总想着拍进四处散开的多个烟花，而是要构成简洁、精湛的画面。

简洁的画面构图使烟花看起来非常干净，很好地突出了主体烟花，避免过多的其他物体扰乱观者的视线

烟花不仅是在升空的时候美丽，多个烟花盛开的瞬间以及落下来的形态，都是很漂亮的壮观景象。很多开始拍摄烟花的摄影者都有这个疑问，如何才能准确地捕捉到烟花升空的那个瞬间。在拍摄烟花时，烟花的尺寸较大时，为了融入周围的事物，合理分配画面，应准备标准镜头或广角镜头。拍摄时，最好选择B门模式，光圈值则应设定为F/8～F/11，并利用快门线，在烟花绽放之前按动快门，并等到烟花消失后，再关闭快门。现场的光线条件不同，光圈值就会有所不同。若在拍摄烟花时周围有桥梁的灯光、建筑物照明等人工光源，光圈值一般设定为F/8～F/11就可以拍摄出洁净的画面。

若天空非常的暗，周围没有强烈的光源，曝光就会变得更加简单。光圈值约设定为F/5.6后，烟花的轮廓变得粗而亮；相反，光圈值设定为F/11左右时，烟花的轮廓就会变得细而暗。

当画面曝光不足时，要么无法表现烟花，要么就会呈现暗画面。例如下面的三幅图片中，照片1曝光不足时，画面很暗，烟花非常细，几乎看不见；图片2曝光正常，烟花层次丰富；图片3画面曝光过度，烟花的轮廓变得粗而且亮。

图片1 画面曝光不足

图片2 画面曝光正常

图片3 画面曝光过度

小技巧

烟花摄影最忌讳的是一幅图片捕捉过多的烟花，我们可以在一幅画面上捕捉几个烟花，但是整个画面看起来比较散漫、混乱。简洁、洁净的画面构图最能塑造烟花的美感。

8.4 夜晚和低照度条件下的拍摄

很多摄影初学者认为在日出之前或日落之后真正要拍摄一张质量好的照片是不可能的，因为一点光线都没有，事实上并非如此。

低照度和夜晚拍摄确实存在挑战性，如果你的目标是拍摄出非同寻常的照片，那么夜晚和低照度条件下可以拍摄出大量的好照片。在夜景和傍晚的低照度下，一旦看中了一个拍摄对象，唯一剩下的事情就是怎样对它进行曝光。如今的数码相机技术很先进，而且感光元件的灵敏度非常高，即使是在最微弱的光线中进行正确的曝光也不成问题。

对于夜景来说，比起完全漆黑的深夜，在被拍摄主体与天空亮度相近的时间段，即日落后1小时内，可以拍摄出更加华丽的图像。这是因为该时间段不仅能表现出丰富多彩的色泽，物体的表面亮度差异也较少。

若被拍摄体和背景部分的亮度差异过大，则很难拍摄出理想的夜景照片。

在日落后的一段时间内，天空还没有完全黑下来时，可以拍摄出非常华丽的城市夜景照片。最后的一抹彩霞可以为你的夜景照片添色不少。

西藏布达拉宫在天空的最后一抹云彩和蓝色将要变成漆黑的夜空时，是夜景拍摄的最佳时期

在拍摄夜景时，城市中流水般车辆的行驶轨迹是一道非常美丽的风景线，拍摄城市风景往往将车流表现得淋漓尽致。要将车流拍摄为线条，曝光时间至少需要4s，将快门速度设定为4s之后，只需将相机对准风景上空的天空，并调整光圈直到获得正确的曝光值，然后重新构图，在拍摄时既可以使用自拍器也可使用快门线。

在轨迹摄影中，我们可以加装望远镜头取景部分景象，也可以利用广角镜头同时取景周围的大范围夜景。当一幅画面同时呈现固定的灯火与流动的灯火时，画面会显得更加神奇，更加具有魅力。因此，在拍摄汽车轨迹时，最好使用广角镜头。在实际的拍摄中，光圈值应设置为尽量小于F/8的光圈，并尽可能拖慢快门速度，最好能直接

拍摄于国家体育馆南侧四环路，速度12s，光圈F/22，镜头200mm

使用B门模式。

对于日出、日落这样的低照度环境，只要你愿意将吃饭的时间推迟一个小时，或早上早起一会儿，就能拍摄到精彩的低照度照片。

在不同的时间段拍摄的太阳会呈现出不同的视觉效果。其中，太阳刚刚浮出水面时以及日落前后的30分钟之内，都可以拍摄到令人印象深刻的太阳。被低位太阳或者太阳落山后的彩霞照射的万物，不仅可以形成长长的影子，还可以呈现出红红的暖色调，阴影部分和高光区域形成强烈的对比效果，可以强力表现被拍摄体的质感。

夕阳西下时，照射到的建筑物呈现一片暖色调，画面中明暗对比很强烈，非常富有质感

画面中朝阳使清晨的雾气呈现出金黄色的暖色调

如果拍摄的那天天气非常好，在你拍摄完了日落之后，还可以拍摄漫天彩霞。这时如果在海边拍摄，你肯定会得到非常好的低照度照片。礁石星罗棋布的海边，既可以表现宁静，也可以表现动感。

快门速度16s，镜头24mm，光圈F/16，拍摄出来的画面具有宁静感，而又不失动感

8.5 雾气和云海

从山顶高处望下去的云海、雾气弥漫的树林和湖水，既充满了梦幻感、宁静感，又表现了平和、稳定感。很多摄影者都想挑战云海及雾气所营造的画面氛围，下面我们来介绍如何确定曝光量才能拍摄出美丽的雾气和云海。

⊙ 雾气

优美的风景中弥漫着雾气的画面充满了神秘的气氛，尤其是雾气弥漫的清晨，在树林间和湖面上，都会呈现出很美丽的画面。对象被浅雾包围着，能演绎梦幻般的气氛。雾气是大气中的水蒸气凝结而成的自然现象。一天中呈现雾气的时间非常短暂，因此，拍摄时机非常重要。在拍摄受时间限制的雾气时，曝光量成为最重要的因素；只有事先掌握与雾气摄影相关的曝光知识，才能相应地降低失败的几率。

我们在拍摄雾气照片时，很多时候只凭雾气，很难呈现出优美的景象。在摄影的准备阶段，最好选取能够衬托出雾气景象的地点。其次是要考虑取景角度，在选好的地点寻找最能表现主体的位置，想好在哪个方向如何构图。这些都需要我们在拍摄之前了解必要的信息并做好准备。

画面中雾气缭绕，且非常宁静；刚刚露出脸的太阳使雾气带有微微的暖色调，呈现出非常美丽的颜色

在拍摄雾气时，没有必要携带过多的摄影装备或其他附属器材。只要配备标准或广角镜头就足以拍摄出梦幻般的雾气。拍摄远处雾气中隐约浮现的对象的特写画面时，最好使用100~300mm的望远镜头。此外，雾气通常表现为冷画面，为了增强画面效果，可以把白平衡设定为荧光灯白平衡。

适马 28~70mm F/2.8 镜头

佳能 70~200mm F/2.8 镜头

小技巧

出现雾气的时机

雾气是在湿气、气温和风等的作用下形成的，下雨后大气中湿气比较重，此时若气温下降，湿气会凝结成雾气。

日落后地面的热气辐射至天空里，冷却后的地面冷凝了附近的空气。潮湿的空气会因此降至露点以下，水蒸气凝结在冷却后的物体上形成雾气。

在无风且湿气超过95%的晴天，夜里形成的暖空气接近冷却的地面，空气被冷却，其中的湿气凝结成雾气。

画面使用长焦镜头100mm焦距端拍摄，很好地突出了清晨乳白色的雾气

画面使用广角镜头28mm端拍摄，拍摄时对着亮色的雾气曝光，且在曝光量上补偿+1，凸显出雾气的白色

雾气大体分为暗雾和亮雾两大类型，暗雾出现在雨后的阴天，亮雾是指在湖水或沼泽等地点，晴天的气温差异所酿成的雾气。如果拍摄的是暗雾，利用相机的内置测光表确定曝光量后，应在该值上补偿+1/2;如果拍摄的是亮雾，同样先测定曝光量，并在相机所提示的曝光值上再补偿+1，呈现乳白色的雾气，获得很神秘的画面。

当我们对白色测定曝光量，相机会识别成18%的灰度，显然会表现为灰色，因此，通过使用正补偿曝光量，可以使灰色接近白色。即暗雾接近灰色时，曝光补偿量为+1/2，亮雾接近白色时，曝光补偿量应为+1。

画面中拍摄的雾气非常浓重，因此，在曝光时要比亮雾多曝光1档，呈现出非常神秘的画面色彩

画面中湖面的雾气非常薄、非常亮，在曝光量上应使用+1/2档的曝光补偿

小技巧

雾气摄影的关键点

灰度卡是必备的附件，若不能配备灰度卡，可在相机所提示的曝光值上再补偿+1/2~+1，而根据雾气的深浅程度，确定具体的曝光量。

雾气基本都是在清晨拍摄的，由于清晨的光线亮度不足，曝光时间会长一些。此时，在没有三脚架的情况下，需要提高感光度，避免拍摄亮度不足的画面。

为了拍摄出无抖动的画面，必须配备三脚架。

⊙ 云海

到了春秋季节，整个山脉被点缀得非常漂亮，这样的美景与云海融合在一起，形成壮观的景象。水面的雾气和飘浮的云海，在摄影方法上基本相同，但在决定曝光量的时候还是会有一些差异。这是因为，只有包含了亮度差异较大的山脉轮廓，才能表现出真正的云海景象。如果云海周围还存在一些具有特征的对象，可以根据实景适当的调整画面构成，由于云海照片都是在高处拍摄的，而且通常都是气势雄伟的深山，因此在这样的环境中很难找到特征性对象。

非常美丽的云海照片，画面呈现出一股幽蓝的色调，非常寂静。拍摄这样的照片在曝光时只需对准雾气的白色曝光就可以了

云海雪景，在曝光时要比相机给出的曝光值增加 1 档的正补偿，若使用相机给出的曝光值画面会很灰，增加补偿量后还原了画面真实的白色

从高处俯视的云海，表现为雾气海洋般的画面，尤其是逆光下的云海给人强烈的印象，若能配合 PL 滤光镜，除了能消除偏光，还可以提高对比度，刻画出细部景象。

逆光下的云海、雾气与山脉有着鲜明的亮度对比，刻画出雾气的细部景象

当我们选定了取景位置，把最亮的云海作为曝光基准后，基本能保障适当的曝光量。由于摄影目的在于凸显云海，云海与其他景物的亮度差异越大，越能显出云海的气势。对于一般的云海摄影，光圈值应大于F/10，曝光补偿值约为+0.3。当然，拍摄此类景象时，要根据云海的亮度及拍摄者的意图，适当增减曝光补偿量，这就要依赖于拍摄者的经验技巧及熟练程度。

拍摄画面中的云海时，只需把最亮的云海作为曝光基准，就能保障画面适当的曝光量，拍摄时最好使用局部测光模式

8.6 天空和云彩

耀眼的蓝天和洁白的云朵几乎是所有摄影者都喜欢拍摄的对象。但是，在实际的拍摄中，需要我们掌握好拍摄美丽天空的曝光方法。

带有大量的蓝天白云的美丽风景照片

在拍摄蓝天时，PL滤光镜是必备的摄影器材，因为滤光镜可以减少空中的散射光线，呈现清爽的画面。它还非常有利于拍摄水面和橱窗，是晴天拍摄风景时必不可少的装备。但是在逆光和顺光状态下拍摄天空时，该滤光镜将会失去作用，当滤光镜和太阳形成90度角时最有效果。滤光镜的使用方法我们在第四章器材中已讲过。

使用滤光镜可以加深天空的色泽，在拍摄的过程中我们要通过取景器确认图像效果。对于明显加深的天空，相机内置测光表肯定会给出适合天空色泽的平均曝光值，相机会自动补偿-1～1.5的曝光量。为了防止出现这种情况，在拍摄之前，先要旋转滤光镜，在未消除反射光的状态下按下锁定曝光量的按钮，然后再次旋转滤光镜，消除反射光后，才能正式拍摄照片。

尽管我们拍摄的主体是蓝天，也还是要拍摄协调天空和周围背景的画面。天空占据了全画面的照片平淡无奇，反而降低了趣味性。若把田园、山脉或地面的一些物体融入到画面中，不仅能增强画面的稳定性，还可以增加图像的表现力。

镜头：28mm　**光圈**：F/16　**测光模式**：矩阵式测光　**曝光补偿**：+1补偿

速度：1/197s　**感光度**：ISO100　**模式**：光圈优先模式　**三脚架**：使用

摄影说明：
这是非常独特的蓝天和白云与建筑物结合的风景画面。曝光时选择光圈优先模式，光圈设置为F/16，为了突出蓝色天空，使用了滤光镜。在拍摄天空的时候，使用矩阵式测光模式，并补偿曝光量，从而缩小亮色的天空与暗地面的曝光差异。

Part 09

曝光的特殊技巧

在上面的章节里我们介绍了很多可靠、基本的知识，利用这些知识你可以轻松地拍摄出希望达到的图片效果。现在我们来学习一些特殊的小技巧，让你能更好地理解曝光。

9.1 故意曝光过度

很多摄影者在拍摄一幅照片后，看到拍摄出来的画面曝光过度，都会抱怨。

我们在这里所说的曝光过度，不是指那些1～2档的过度曝光，而是3～4档。有3～4档过度曝光的照片效果并不一定都那么引人注目，这样做的确能够拍摄出好照片，拍摄者可以尝试一下这种拍摄感觉。在故意过度曝光时，照明起着非常重要的作用，光线应该均匀，因此正面照明的拍摄对象或者阴天柔和、均匀光线条件下的拍摄对象都很适合。

采用标准曝光拍摄出来的画面效果

此图片故意过度曝光，拍摄时把感光度提高到了1600，增强了画面的颗粒感。在拍摄这类照片时，照明光线一定要均匀

9.2 二次曝光

二次曝光要比一次曝光有趣得多。在拍摄之前，你要查看一下数码相机是否具备二次曝光功能。虽然现在很多数码相机都具备了二次曝光功能，例如尼康D80；但还是有一些相机没有,例如佳能30D。

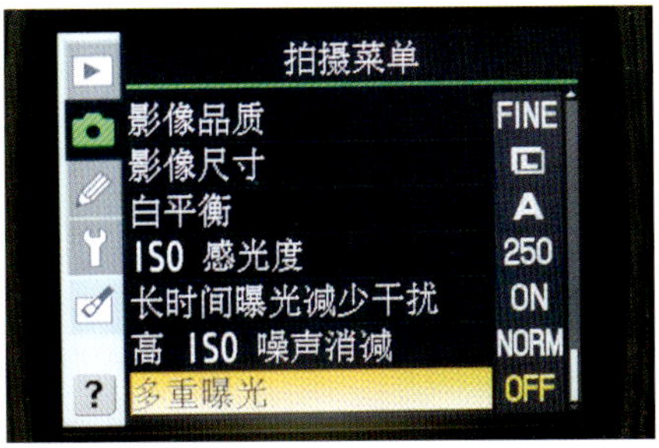

尼康 D80 的二次曝光功能设置

如果是在胶片相机上，二次曝光的目的是在于使你能够在同一张胶片上进行两次曝光；在数码相机上，就是在你的储存卡上进行二次曝光。

在进行二次曝光时，我们需要注意照片如何叠加。许多照片都是因为两次曝光时没有对准被毁坏了，二次曝光不是毫无目的地乱照就可以了。除了需要仔细外，那就是要恰当的曝光了。无论你是用负片、幻灯片还是数码相机，你只需在两次曝光时减少1档的曝光就可以了。

拍摄时使用二次曝光把月亮和第一张风景照片结合在一起

9.3 摇拍和缩放

摇拍或缩放并不是普通照片的摄影技法，它是以特殊目的采用的摄影手法。摇拍手法用来表现奔跑的马以及汽车行驶的速度感，若不熟悉该手法，只能拍摄出抖动的照片。缩放变焦也同样要求拍摄者熟练操作数码相机。

拍摄此照片时，特意降低了快门速度，采用摇拍手法，体现很强烈的速度感

画面使用高快门速度，凝固被拍摄体的动作，与左边的画面相比，速度感要弱一些

⊙ 摇拍的摄影手法

摇拍的最理想表现效果是在被拍摄主体上准确对焦，背景则表现出模糊、自然、柔和，并使被拍摄体具有动态的感觉。

当我们使用摇拍手法拍摄时，拍摄者确定曝光量是非常重要的事情，而依据被拍摄体的速度不同，曝光量会有很大的差异。通常，缓慢移动的被拍摄体，如小跑的人，非常适合采用1/30s的曝光速度，若是拍摄如汽车速度这样的被拍摄体，适合确定为1/60s～1/125s之间的速度值，这样可以表现出非常具有魅力的画面。若我们在拍摄时曝光量确定不当，不适合被拍摄体的移动速度，那么在画面中除了主被拍摄体外，其余背景将会显得昏暗，也会相应地影响速度感。

在白天天气状况比较好的状态下拍摄摇拍照片时，降低快门速度，整个画面会曝光过度。此时，可以将光圈值调高到

画面中使用摇拍，很好地呈现出了动态空间的移动感

F/8以上。另外，在拍摄平行或对焦线方向移动的对象时，可以将AF模式调整到AF--A动态模式，可以防止拍摄出对焦错误的模糊照片。

拍摄时使用摇拍手法，采用AF-A模式，拍摄出焦点清晰，且非常具有动态感觉的摇拍画面

画面中背景的速度感比较差，是一幅使用摇拍手法失败的作品

小技巧

AF 模式的种类

AF S 拍摄静止不动的物体

AF C 焦点对到被拍摄体上，半按快门，相机自动感应物体的动作，完成准确对焦。适合拍摄移动的对象。

AF A 当静止的被拍摄体开始移动时，把AF从AF S自动转换到 AF C模式。在AF模式中选择，最适合拍摄移动中的对象。

⊙ 缩放变焦的拍摄手法

缩放变焦的拍摄与摇拍的手法很相似，如何确定曝光量，决定着画面的效果。摇拍手法追踪的是被拍摄体的移动状态，而缩放手法则是旋转镜头上的变焦钮，通过调整距离拍摄出照片。进行缩放变焦拍摄时，不能使用固定的定焦镜头，必须使用变焦镜头才能拍摄出效果。

桥洞口的缩放变焦摄影。以桥洞作为对焦中心，镜头则从长焦方向旋转至短焦距位置，拍摄出来的画面达到了光线扩散的画面效果

缩放变焦拍摄可以向长焦和短焦方向拍摄照片，例如使用28~105mm焦距的镜头，焦距为28mm时按下快门键，向105mm方向旋转镜头后拍摄照片。相反，焦距为105mm时按下快门键，向28mm旋转镜头。从长焦转向短焦的缩放手法最适合表现光线扩散的效果。

在太阳光下的户外摄影中，曝光时间范围在1/4～1/15s之间，光圈值则设定为大于F/14的值，防止曝光过度。在室内的人像摄影中，利用长时间曝光的闪光灯

以缩放变焦手法拍摄的室内人像照片

发光后拍摄照片。

取景时，在画面的中心位置安排人物的脸部，实际拍摄时，镜头从长焦方向旋转到短焦位置，并拍摄出照片。

缩放变焦的使用，使画面中运动的人物更具有动感

缩放变焦使画面非常具有戏剧效果，把儿童的活泼动态和神态表现得淋漓尽致

小技巧

缩放摄影的拍摄步骤

按下快门键，旋转镜头，松开快门键，为了防止拍摄出对焦不清的照片，必须加倍努力，积累经验。拍摄时必须使用三脚架。

9.4 渐变中灰密度镜

与普通的中灰度密度镜不同，渐变中灰密度镜像一副太阳镜，一些区域有颜色而其他区域则没有变化。渐变中灰密度镜不像普通中灰密度镜那样能降低整个场景的光线强度，它只是减少场景中特定区域的光线强度。

当你拍摄的画面包含美丽的天空和连绵起伏的山脉时，在拍摄过程中你如果以蓝天白云为曝光基准，前景中的山脉则会曝光不足；相反，要是你以前景的山脉的曝光值曝光时，那么天空就会部分曝光过度，它美妙的色彩就会消失得无影无踪。

在没有使用中灰密度镜时，拍摄时对着蓝天测光，拍摄出来的前景山脉曝光不足，画面效果很不好

使用中灰密度镜后，使得蓝天和前景山脉达到了均衡的曝光。蓝天在中灰密度镜的使用下更加蔚蓝，同时前景山脉也得到非常丰富的层次感和光影效果

改变天空的曝光时间，让它和山脉的曝光时间更加匹配的最快捷方法，就是使用一个插入式渐变中灰密度镜。与“正常”的渐变中灰密度镜不同，插入式中灰密度镜呈正方形或者矩形，使用时插到镜头前的滤光镜支架里。这样你就可以将滤光镜上下滑动，或者旋转滤光镜支架的外圈，把滤光镜调整到合适的角度。在大多数情况下这样做都能把滤光镜安放在最佳位置。在刚才所说的情况下，也就是在镜头前安装一个2档渐变中灰密度镜，让它只遮住天空部分，注意不能让滤光镜把明亮的天空以外的部分遮住。插上滤光镜，调整一下位置，让滤光镜刚好位于地平线以上的位置，天空的曝光值就刚好降低2档，然后你就可以拍摄了。

小技巧

滤光镜的位置调整

如果你的相机带有景深预测按钮，在对渐变中灰密度镜进行定位时就要用一下。上下滑动滤光镜，你可以清楚地看到滤光镜的密度区覆盖了构图中的哪一部分。用预览按钮可以保证每一次都对得很准。

在这幅图片里，最难把握的就是前景暗部与天空的恰当曝光。在这里你只需要使用中灰密度镜，就可以解决这个问题，蓝色的天空、白色的建筑物、以及前景的暗部，都可以达到正确的曝光效果。图片中的暗部有着非常好的细节层次，白色的建筑物以及蓝色的天空层次都很好

就像中灰密度镜一样，渐变中灰密度镜的档数从1～4档不等。而且，它可分为硬边和软边两类，也就是说滤光镜的清晰部分与被过滤部分之间分为突变和渐变。在拍摄风景时最好使用软边渐变中灰密度镜。

9.5 B门长时间曝光

B门，在相机向自动化方向发展的今天，使用它的人已不是很多了。这是一种完全由摄影者所控制的曝光方式，也是一种个人创作的过程。

B门的B，是指以往的那种用手操作的球状气动快门释放器，或是在闪光曝光中利用的闪光灯泡。B门与其他快门速度不一样，摄影者可以使用它在1s之外的任何时间控制快门的开关，进入到与真实生活所不同的幻想世界里。当你进入到B门的领域后，便可以看到传统照片以外的奇异景象，例如夜空里星星的轨迹，彩虹般的光影，没有人的街景以及浩渺的天空……

使用B门摄影的基本要求，是一架具有B门可以使快门开启长时间曝光的相机，一个较为稳固的三脚架以及一个遥控快门线。拍摄时，最好有一个超灵敏度的测光表，因为许多相机的内置测光表都不能在拍摄时对可能出现的黑暗场面正确地测出曝光量。对B门摄影有经验的摄影家，往往建议在拍摄时尽可能作分级曝光，这样可使效果有较多的变化。

拍摄于中国雪乡，使用B门拍摄的夜景照片，画面效果非常神秘

擅长拍摄夜景的摄影家们指出，使用B门在结束长时间曝光时，不要使相机抖动，一个最好的方法是在释放快门前，用一块黑色的硬纸板，靠在镜头前。这种方法还有

使用B门拍摄星星的轨迹时，必须使用三脚架和快门线，避免相机轻微的抖动

一个优点，你可以在曝光过程中改变焦距或者光圈。如果在调焦时，偶尔相机发生抖动，则在继续进行曝光前，必须要确定相机已经停止抖动，这一点对于使用较长焦距镜头拍摄尤为重要。